工业和信息化精品系列教材

信息技术基础

上机指导与习题集

（Windows 10+Office 2019）

微课版

刘志成 石坤泉 ◎ 主编

人民邮电出版社

北京

图书在版编目（CIP）数据

信息技术基础上机指导与习题集 : Windows 10+
Office 2019 : 微课版 / 刘志成，石坤泉主编. -- 北京:
人民邮电出版社，2023.4
工业和信息化精品系列教材
ISBN 978-7-115-61144-4

Ⅰ. ①信… Ⅱ. ①刘… ②石… Ⅲ. ①Windows操作系
统-教学参考资料②办公自动化－应用软件－教学参考资
料 Ⅳ. ①TP316.7②TP317.1

中国国家版本馆CIP数据核字(2023)第023244号

内 容 提 要

本书是《信息技术基础（Windows 10+Office 2019）（微课版）》的上机指导与习题集。全书共分两个部分。第一部分是上机指导，从了解并使用计算机、学习操作系统知识、管理计算机中的资源、制作并编辑 Word 文档、排版文档、制作 Excel 表格、计算和分析 Excel 数据、制作演示文稿、设置并放映演示文稿、认识并使用计算机网络、做好计算机维护与安全管理这 11 个方面来组织内容。学生可以参照《信息技术基础（Windows 10+Office 2019）（微课版）》和本书中的相关内容进行上机操作。第二部分是习题集，该部分根据全国计算机等级考试一级计算机基础及 MS Office 应用的考试大纲和《信息技术基础（Windows 10+Office 2019）（微课版）》的内容，配置了各类习题，习题类型有单选题、多选题和判断题 3 类，并附有参考答案，方便学生自测。

本书适合作为普通高等学校、高职高专院校的信息技术基础教材或参考书，也适合作为信息技术培训班教材或全国计算机等级考试一级计算机基础及 MS Office 应用考试的自学参考书。

◆ 主　　编　刘志成　石坤泉
责任编辑　刘晓东
责任印制　王　郁　焦志炜
◆ 人民邮电出版社出版发行　　北京市丰台区成寿寺路 11 号
邮编　100164　　电子邮件　315@ptpress.com.cn
网址　https://www.ptpress.com.cn
大厂回族自治县聚鑫印刷有限责任公司印刷
◆ 开本：787×1092　1/16
印张：10.25　　2023 年 4 月第 1 版
字数：263 千字　　2024 年 9 月河北第 3 次印刷

定价：34.00 元

读者服务热线：(010)81055256　印装质量热线：(010)81055316
反盗版热线：(010)81055315
广告经营许可证：京东市监广登字 20170147 号

前言 PREFACE

随着信息技术的迅速发展，计算机在人们的工作和生活中越来越重要，已成为一种必不可少的工具。与此同时，计算机技术已被广泛应用到社会的各个领域，尤其是军事、科研、经济和文化等领域。为了适应社会发展，熟练使用计算机进行信息处理，已成为每位大学生必备的能力。而“信息技术基础”作为普通高校的一门公共基础必修课程，学习它的意义非常重大。

教育是国之大计、党之大计，而信息技术作为当今社会发展的重要领域，更需要得到充分的重视和发展。党的二十大报告提出“我们要办好人民满意的教育，全面贯彻党的教育方针，落实立德树人根本任务，培养德智体美劳全面发展的社会主义建设者和接班人，加快建设高质量教育体系，发展素质教育，促进教育公平。”我们在编写了主教材《信息技术基础（Windows 10+Office 2019）（微课版）》后，又编写了这本书。本书通过上机指导、丰富的习题和互联网课堂等形式，弥补学生实际操作能力的不足，适应计算机等级考试一级计算机基础及 MS Office 应用考试的操作要求的同时，使学生具备较强的计算机操作能力，对学生的就业有较大的帮助。

本书的内容

本书共分两个部分。第一部分为上机指导，该部分根据《信息技术基础（Windows 10+Office 2019）（微课版）》的内容，分项目安排了实验和综合实践，便于学生上机实训时使用（其中主教材“项目二　了解计算机新技术”属于理论知识，不设上机指导）。第二部分为习题集，该部分按照《信息技术基础（Windows 10+Office 2019）（微课版）》的内容，对了解并使用计算机、了解计算机新技术、学习操作系统知识、管理计算机中的资源、制作并编辑 Word 文档、排版文档、制作 Excel 表格、计算和分析 Excel 数据、制作演示文稿、设置并放映演示文稿、认识并使用计算机网络、做好计算机维护与安全管理，提供了单选题、多选题和判断题，便于学生更好地理解理论知识，增强实际操作能力。

学习本门课程时，学生必须进行大量练习才能掌握所学知识。本书提供了大量的上机指导和习题，且与《信息技术基础（Windows 10+Office 2019）（微课版）》各个项目的内容相对应。学生学习了主教材后，可参照本书进行上机练习，也可通过习题集复习理论知识。书中还提供了单选题、多选题、判断题的参考答案。

本书的平台支撑

“微课云课堂”（www.ryweike.com）目前包含近 50 000 个微课视频，在资源展现上分为“微课云”“云课堂”两种形式。“微课云课堂”主要有以下两个特点。

- 微课资源海量，更新持续不断。“微课云课堂”以人民邮电出版社多年的发展积累为基础，充分利用了出版社在信息技术领域的优势，将资源经过分类、整理、加工及微课化之后提供给学生。

- 资源精心分类，方便自主学习。“微课云课堂”相当于一个庞大的微课视频资源库，按照门类进行一级分类和二级分类。

本书第一部分上机指导的实验内容配有微课视频，并已上传至“微课云课堂”，学生可扫描封面上的二维码或者直接登录“微课云课堂”（www.ryweike.com），用手机号码注册，在首页单击“学习卡”选项，输入封底刮刮卡中的激活码，即可在线观看视频。除此之外，学生也可以扫描书中提供的二维码，随扫随看，轻松掌握相关知识。本书提供第一部分中实验内容的所有素材和效果文件，教师可以登录人邮教育社区网站（www.ryjiaoyu.com）下载使用。

编　者
2023 年 1 月

目录 CONTENTS

第一部分 上机指导

第二部分 习 题 集

第一部分

上 机 指 导

项目一 了解并使用计算机

01

实验一 数制的转换

（一）实验目的

了解常用数制之间的转换方法。

（二）实验内容

1. 非十进制数转换成十进制数

将二进制数、八进制数和十六进制数转换成十进制数时，只需用该数制的各位数乘以各自对应的位权数，然后将乘积相加。用按位权展开的方法即可得到对应的结果。

（1）将二进制数 11010 转换成十进制数。

先将二进制数 11010 按位权展开，然后将其乘积相加，转换过程如下。

$(11010)_2=(1\times2^4+1\times2^3+0\times2^2+1\times2^1+0\times2^0)_{10}=(16+8+2)_{10}=(26)_{10}$

（2）将八进制数 643 转换成十进制数。

先将八进制数 643 按位权展开，然后将其乘积相加，转换过程如下。

$(643)_8=(6\times8^2+4\times8^1+3\times8^0)_{10}=(384+32+3)_{10}=(419)_{10}$

（3）将十六进制数 2AB.6 转换成十进制数。

先将十六进制数 2AB.6 按位权展开，然后将其乘积相加，转换过程如下。

$(2AB.6)_{16}=(2\times16^2+10\times16^1+11\times16^0+6\times16^{-1})_{10}=(512+160+11+0.375)_{10}=(683.375)_{10}$

2. 十进制数转换成其他进制数

将十进制数 225.625 转换成二进制数。

用除 2 取余法进行整数部分的转换，再用乘 2 取整法进行小数部分的转换，转换过程如下所示。

$(225.625)_{10}=(11100001.101)_2$

整数部分			小数部分		
2 | 225	余 1	低位	0.625		
2 | 112	余 0	↓	× 2	取整	高位
2 | 56	余 0	↓	1.250	1	↑
2 | 28	余 0	↓	× 2		↑
2 | 14	余 0	↓	0.500	0	↑
2 | 7	余 1	↓	× 2		↑
2 | 3	余 1	↓	1.000	1	低位
2 | 1	余 1	高位			

3．二进制数转换成八进制数

二进制数转换成八进制数所采用的转换原则是“3 位分一组”，即以小数点为界，整数部分从右向左每 3 位为一组，若最后一组不足 3 位，则在最高位前面添 0 补足 3 位，然后将每组中的二进制数按位权依次排列得到对应的八进制数；小数部分从左向右每 3 位分为一组，最后一组不足 3 位时，尾部用 0 补足 3 位，然后按顺序写出每组二进制数对应的八进制数。

将二进制数 11111101.101 转换为八进制数，转换过程如下。

二进制数	011	111	101.	101
八进制数	3	7	5.	5

得到的结果为 $(11111101.101)_2=(375.5)_8$

4．二进制数转换成十六进制数

二进制数转换成十六进制数采用的转换原则是“4 位分一组”，即以小数点为界，整数部分从右向左、小数部分从左向右每 4 位一组，不足 4 位用 0 补齐。

将二进制数 1011011100111011.101 转换为十六进制数，转换过程如下。

二进制数	1011	0111	0011	1011.	1010
十六进制数	B	7	3	B.	A

得到的结果为 $(1011011100111011.101)_2=(B73B.A)_{16}$

5．八进制数转换成二进制数

八进制数转换成二进制数的转换原则是“一分为三”，即从八进制数的低位开始，将每一位上的八进制数写成对应的 3 位二进制数。如有小数部分，则从小数点开始，按上述方法分别从左、右两边进行转换。

将八进制数 512.3 转换为二进制数，转换过程如下。

八进制数	5	1	2.	3
二进制数	101	001	010.	011

得到的结果为 $(512.3)_8=(101001010.011)_2$

6．十六进制数转换成二进制数

十六进制数转换成二进制数的转换原则是“一分为四”，即把每一位上的十六进制数写成对应的 4 位二进制数。

将十六进制数 7A2F1 转换为二进制数，转换过程如下。

十六进制数	7	A	2	F	1
二进制数	0111	1010	0010	1111	0001

得到的结果为 $(7A2F1)_{16}=(11110100010111110001)_2$

实验二　连接计算机的各组成部分

（一）实验目的

熟悉计算机各组成部分的连接方法。

（二）实验内容

微课：连接计算机的各组成部分

通常，用户需要将购买回来的计算机的主机、显示器、键盘和鼠标等连接在一起才能使计算机正常工作。连接计算机各组成部分的具体操作如下。

（1）将计算机各组成部分放在桌面的相应位置，然后将通用串行总线（Universal Serial Bus，USB）键盘和鼠标连接线插头对准主机后的 USB 接口并插入，如图 1-1 所示。

（2）将显示器包装箱中配置的数据线的视频传输标准（Video Graphics Array，VGA）插头插入显卡的 VGA 接口中，然后拧紧插头上的两颗固定螺丝，如图 1-2 所示。

（3）将显示器数据线的另外一个插头插入显示器后面的 VGA 接口中，并拧紧插头上的两颗固定螺丝，再将显示器包装箱中配置的电源线一头插入显示器电源接口中，如图 1-3 所示。

图 1-1　连接键盘和鼠标

图 1-2　连接显卡

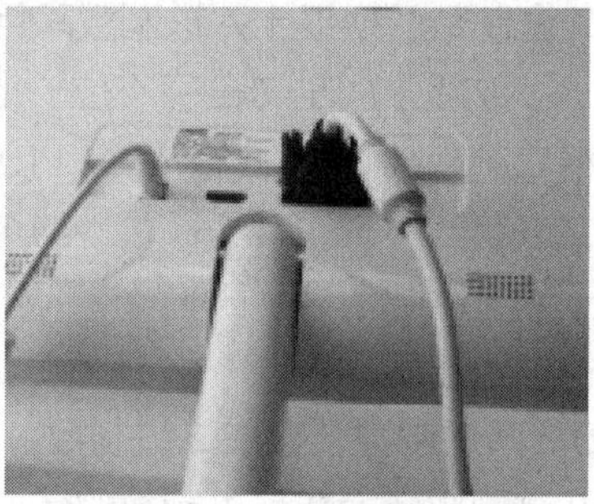

图 1-3　连接显示器

（4）检查前面的各种连线，确认连接无误后，将主机电源线一头插入主机后的电源接口。

（5）将显示器电源线插头插入电源插线板中。

（6）将主机电源线插头插入电源插线板中，完成连接计算机各组成部分的操作。

实验三　使用鼠标和键盘

（一）实验目的

- 掌握鼠标的基本操作方法。
- 熟练使用键盘。

（二）实验内容

1. 鼠标的 5 种基本操作

- 移动定位。将鼠标指针移动到目标位置。
- 单击。先移动鼠标，使鼠标指针指定某个对象，然后按下鼠标左键并快速释放，鼠标左键将自动弹起还原。单击操作常用于选择对象，被选择的对象通常呈高亮显示。
- 拖动。拖动是指使鼠标指针指定某个对象，按住鼠标左键不放，然后移动鼠标，把对象从屏幕的一个位置移动到另一个位置，最后释放鼠标左键。拖动的过程也被称为“拖曳”，常用于移动对象。
- 右击。右击就是单击鼠标右键，方法是按下鼠标右键，释放按键后鼠标右键将自动弹起还原。右击常用于打开与对象相关的快捷菜单。
- 双击。双击是指快速、连续地按鼠标左键两次。双击常用于启动某个程序、执行某个任务和打开某个窗口或文件夹。

微课：鼠标的 5 种基本操作

2. 键盘输入训练

将手指轻放在键盘基准键上，手指在键盘上的位置如图 1-4 所示，练习输入以下各组字符。

图 1-4　手指在键盘上的位置

（1）按基准键的指法练习。将左手的食指放在【F】键上，右手的食指放在【J】键上，其余手指分别放在相应的基准键上，然后以“原地踏步”的方式练习输入下面各组字符。练习过程中注意每组字符间有两个空格，同时要体会按键的感觉。如要输入字母 a，先将双手食指、中指、无名指和小拇指放置在 8 个基准键上，双手大拇指放在空格键上，准备好后用左手小拇指按一下键盘上的【A】键，此时【A】键被按下又迅速弹回，字母 a 就显示在屏幕上了。练习下面各组键位。

ffff　jjjj　dddd　kkkk　ssss　llll　aaaa　;;;;　fdsa　asdf　dsaf　sdfa　;klj　kjl;　lkj;
jkl　jdk;　fds;　jkda　kjld　ads;　jkld　dal;　jdfl　jdkl　sadf　jkl;　dskj　jkld　fdks

（2）左手食指的指法练习。左手食指主要控制【R】、【T】、【F】、【G】、【V】、【B】键，每按完一次都回到基准键【F】上。练习下面各组键位。

fgfg　Ftft　gtgt　rtrt　vbvb　bgbg　vfvf　rftg　vfbg　ftrg　fvbg　tfgb　frtg　vfbg
vgbf　Frtf　vgft　bgtr　vfrt　vftb　gfrb　vgtb　vfrg　rtfb　rtbv　rtff　fvgg　vvfr

（3）右手食指的指法练习。右手食指主要控制【Y】、【U】、【H】、【J】、【N】、【M】键。练习下面各组键位。

jhjh　juju　hyhy　jmjm　hnhn　jnjn　juju　jyjy　jhjh　huhu　hmhm　yunm
hujy　juyh　jmnh　jnmh　jhmn　juhy　jhum　jnhy　humn　yjnm　jhyn　hjmn

（4）左、右手中指的指法练习。左手中指主要控制【E】、【D】、【C】键，右手中指控制【I】、【K】、【,】键。练习下面各组键位。

cde dce cde cee dcc cdee ikk ik, ik, ,ki ki, ik, dec ki, cde dde
dik de, cik dike ki,d dike cike kedc icd kie c,e ikde cike cid, ik,d

（5）左、右手无名指的指法练习。左手无名指主要控制【W】、【S】、【X】键，右手无名指控制【O】、【L】、【.】键。练习下面各组键位。

wsx swx xsw wxs xws sxw swx ol. .lo l.o .lo .lo ol. .ol .lo ool l.o
wsxo l.sw ol.s xol. wso olw xol. wos. xolw wxo. olwx xol. xows ols.

（6）左、右手小拇指的指法练习。左手小拇指主要控制【Q】、【A】、【Z】键，右手小拇指控制【P】、【;】、【/】键。练习下面各组键位。

qaz zaq aqz zqa p;/ p;/ /;p p;/ p;/ /;p /;p ;p/ /;p p;/ /;p ;p/ pp;
ap;q z/p; p;q/ zp;q /;pq zp;q zp;a zp;q /p;q zp;a p;az ;qpz p;az qap;

（7）按数字键的指法练习。数字的输入方法与字母的相似，只是数字的输入比字母的输入移动距离长，且比字母的输入难度大。输入数字时左手控制【1】、【2】、【3】、【4】、【5】键，右手控制【6】、【7】、【8】、【9】、【0】键。例如，输入1234，应先将双手放置在基准键上，然后将左手抬离键盘而右手不动，再用左手小拇指迅速按一下数字【1】键，左手手指迅速回到基准键上，用同样的方法输入234。应认真练习数字的输入，要始终坚持手指按键完毕后就返回到基准键上。练习输入下面各组数字。

1234 5432 6789 0987 7890 4321 5432 6890 1398 1239 0982 1398
0983 2302 4328 9882 2891 2564 6843 8921 7815 6358 6583 6839

（8）综合指法练习。如果是大、小写字母混合输入的情况，当大写字母在右手控制区内时，左手小拇指按住【Shift】键不放，右手按字母键，然后同时释放并返回基准键。同样，如果输入的大写字母在左手控制区，则用右手小拇指按住【Shift】键不放，左手按字母键，然后回到基准键即可。

A cover for British Vogue, shot by Peter Lindbergh, quickly followed and a new supermodel was born. One of the hardest-working models in the nineties, Christensen regularly featured in ads for Armani, Versace and Karl Lagerfeld.

综合实践

扩展阅读：进制转换结果

（1）将下面的二进制数分别转换为八进制数和十六进制数。

11011010101 1011100110
101110111010 1010100100

（2）将手指轻放在键盘基准键上，固定手指位置后，练习输入以下字符。

desf ftft ihwe qint vcew bgbg rtiw mnbj wein fiwn aane eiwn frtg jkln xsdo gft iorm 1245 /.oim 147q klns 147w sonc 89ds rtff wom2 fap;q 341[winq zp;3 /;p9 zpRR 34dn nxd5 /p;q z\lw dqpz p;az qsp;

项目二 学习操作系统知识

02

实验一　启动与退出 Windows 10

（一）实验目的

- 掌握启动 Windows 10 的操作方法。
- 掌握退出 Windows 10 的操作方法。

（二）实验内容

1. 启动 Windows 10

打开计算机主机和显示器的电源，Windows 10 将载入内存，接着开始对计算机的主板和内存等进行检测。操作系统（简称系统）启动完成后，将进入 Windows 10 欢迎界面。若只有一个用户且没有设置用户密码，则直接进入桌面；若系统存在多个用户且设置了用户密码，则需要选择用户并输入正确的密码才能进入桌面。

微课：启动与退出 Windows 10

2. 退出 Windows 10

（1）保存文件或数据，然后关闭所有打开的应用程序（也称程序）。

（2）单击“开始”按钮，在打开的“开始”菜单中单击“关机”按钮，然后在出现的列表中选择“关机”选项。

（3）成功关闭主机后，再关闭显示器的电源。

实验二　操作窗口与“开始”菜单

（一）实验目的

- 掌握 Windows 10 窗口的操作方法。
- 学会使用“开始”菜单启动程序。

（二）实验内容

双击桌面上“此电脑”图标，打开“此电脑”窗口，该窗口主要由标题栏、功能区、地址栏、

微课：打开 Windows 10 窗口及窗口中的对象

搜索框、导航窗格、窗口工作区、状态栏等部分组成。下面将对打开 Windows 10 窗口及窗口中的对象、最大化和最小化窗口、移动和调整窗口大小、排列窗口、切换窗口、关闭窗口、利用“开始”菜单启动程序的操作进行介绍。

1. 打开 Windows 10 窗口及窗口中的对象

（1）双击桌面上的“此电脑”图标，或在“此电脑”图标上右击，在弹出的快捷菜单中选择“打开”命令，打开“此电脑”窗口，如图 2-1（a）所示。

（2）双击“此电脑”窗口中的“本地磁盘(C:)”图标，或选中“本地磁盘(C:)”图标按【Enter】键，打开“本地磁盘(C:)”窗口，如图 2-1（b）所示。

（3）双击“本地磁盘(C:)”窗口中的“Windows”文件夹图标，即可进入“Windows”目录进行查看。

（4）单击地址栏左侧的“返回”按钮←，将返回上一级“本地磁盘(C:)”窗口。

（a）　　（b）

图 2-1　打开 Windows 10 窗口及窗口中的对象

微课：最大化和最小化窗口

2. 最大化和最小化窗口

（1）单击窗口控制按钮组中的“最大化”按钮□，此时窗口将铺满整个显示器屏幕，同时“最大化”按钮□将变成“向下还原”按钮，单击“向下还原”按钮即可将最大化窗口还原成原始大小。

（2）单击窗口控制按钮组中的“最小化”按钮 -，此时该窗口隐藏，并在任务栏的任务区中显示按钮，单击该按钮，窗口将还原到原来的状态。

微课：移动和调整窗口大小

3. 移动和调整窗口大小

（1）将鼠标指针置于窗口标题栏上，按住鼠标左键不放，拖动窗口，将窗口向上拖动到屏幕顶部时，窗口会自动最大化显示；向屏幕最左侧或最右侧拖动时，窗口会半屏显示在桌面左侧或右侧。这里拖动当前窗口到桌面最右侧后释放鼠标左键，窗口会以半屏状态显示在桌面右侧，如图 2-2 所示。

（2）将鼠标指针移至窗口的外边框，当鼠标指针变为⇔或⇕形状时，按住鼠标左键不放，拖动窗口直至其变为需要的大小时释放鼠标左键，即可调整窗口大小。

（3）将鼠标指针移至窗口的 4 个角上，当鼠标指针变为⤢或⤡形状时，按住鼠标左键不放，拖动窗口直至其变为需要的大小时释放鼠标左键，可使窗口的长宽、大小按比例缩放。

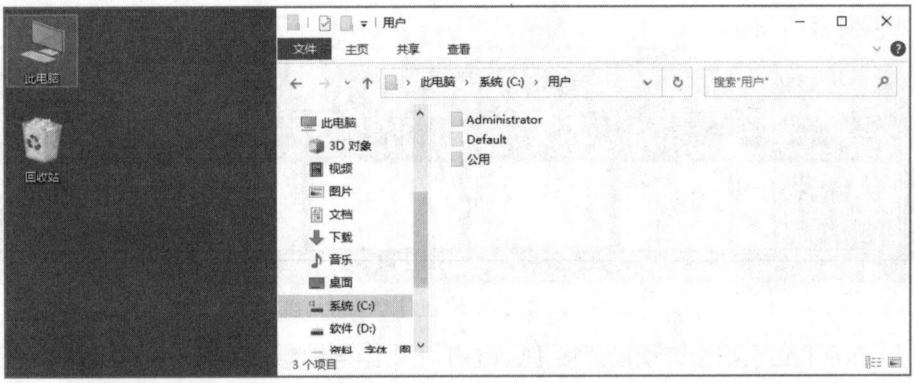

（a）

（b）

图 2-2　将窗口移至桌面右侧变成半屏显示

4．排列窗口

（1）在任务栏空白处右击，弹出快捷菜单，选择“层叠窗口”命令，即可以层叠的方式排列窗口。

（2）层叠窗口后拖动某一个窗口的标题栏可以将该窗口置于其他位置，并切换为当前窗口。

微课：排列窗口

（3）在任务栏空白处右击，在弹出的快捷菜单中选择“撤销层叠所有窗口”命令，即可恢复至原来的显示状态。

（4）按照相同的操作方法，可以对窗口进行“并排显示”和“堆叠显示”排列。

5．切换窗口

- 通过任务栏中的图标切换。将鼠标指针移至任务栏中的图标上，单击该图标将展开该类型文件的缩略图，单击某个缩略图即可切换到该窗口，在切换时其他同时打开的窗口将自动变为透明效果。
- 按【Alt+Tab】组合键切换。按【Alt+Tab】组合键后，屏幕上将出现任务切换栏，当前打开的窗口都以缩略图的形式在任务切换栏中排列出来，此时按住【Alt】键不放，再反复按【Tab】键，将显示一个白色方框，如图 2-3 所示，并在所有窗口缩略图之间轮流切换，当白色方框移动到某窗口缩略图上后释放【Alt】键，即

微课：切换窗口

可切换到该窗口。

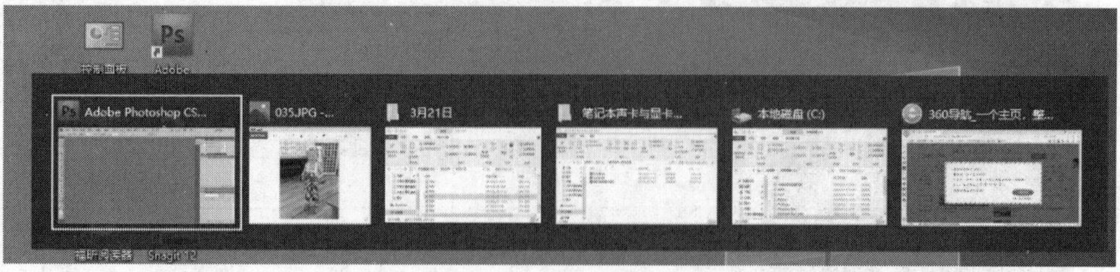

图 2-3　按【Alt+Tab】组合键切换

- 按【Win+Tab】组合键切换。按【Win+Tab】组合键后，屏幕上将出现操作记录时间线，系统当前和稍早前的操作记录都以缩略图的形式在相应的时间模块中排列出来，若想打开某一个窗口，可将鼠标指针定位至要打开的窗口中，当窗口呈现白色边框后单击即可打开该窗口。

6. 关闭窗口

微课：关闭窗口

- 单击窗口控制按钮组中的“关闭”按钮×。
- 在窗口的标题栏上单击鼠标右键，在弹出的快捷菜单中选择“关闭”命令。
- 将鼠标指针指定某个任务缩略图后单击右上角的 ☒ 按钮。
- 将鼠标指针移动到任务栏中需要关闭窗口的任务按钮上，单击鼠标右键，在弹出的快捷菜单中选择“关闭窗口”命令或“关闭所有窗口”命令。
- 按【Alt+F4】组合键。

7. 利用“开始”菜单启动程序

微课：利用“开始”菜单启动程序

- 单击“开始”按钮 ，打开“开始”菜单，此时可以先在“开始”菜单左侧的“最常用”区域中查看是否有需要启动的程序，如果有则单击相应的程序选项启动程序，如果在“最常用”区域中没有要启动的程序，则需要滚动鼠标滚轮来查看所有程序选项，找到需要启动的程序后，单击对应的程序选项即可启动该程序。
- 在“此电脑”中找到需要启动的程序，双击，或在其上单击鼠标右键，在弹出的快捷菜单中选择“打开”命令。
- 双击程序对应的快捷方式。

实验三　定制 Windows 10 工作环境

（一）实验目的

- 了解创建微软（Microsoft）账户的流程。
- 熟悉设置头像和密码的方法。
- 熟悉设置日期和时间的方法。
- 掌握自定义任务栏的方法。
- 能够对 Windows 10 进行“个性化”设置。

（二）实验内容

1. 创建 Microsoft 账户

下面将通过网页来创建名称为“fengli”的 Microsoft 账户。

微课：创建 Microsoft 账户

（1）打开浏览器，搜索 Microsoft 账户注册的相关内容，打开“Microsoft 登录”页面，在其中直接单击“创建一个！”超链接，如图 2-4 所示。

（2）打开“创建账户”页面，在其中输入邮箱信息，单击 下一步 按钮；打开“创建密码”对话框，输入需要设置的密码，单击 下一步 按钮。

（3）打开“输入代码”页面，稍后系统会自动发送一封邮件至申请账户的电子邮箱，进入邮箱后查看安全代码，返回“输入代码”页面中输入安全代码后，单击 下一步 按钮。

（4）进入“Microsoft 账户 | 主页”页面，在其中可以进行添加姓名、添加个人资料图片、设置支付方式、管理设备等操作。单击“添加姓名”超链接，在打开的页面中设置姓名后，单击 保存 按钮。

（5）返回主页即可查看设置了账户姓名后的 Microsoft 账户。完成账户创建的页面如图 2-5 所示。

图 2-4 “Microsoft 登录”页面

图 2-5 完成账户创建的页面

2. 设置头像和密码

下面将“花朵.jpg”图片设置为当前账户的头像，然后设置登录密码为“123456”。

微课：设置头像和密码

（1）在“开始”菜单中单击“设置”按钮，打开“设置”窗口，在“账户信息”选项卡中的“创建头像”栏中，选择“从现有图片中选择”选项。

（2）打开“打开”对话框，在其中选择“花朵.jpg”图片（配套资源：\素材文件\项目二\花朵.jpg），单击 选择图片 按钮，返回“设置”窗口，即可查看设置的头像，如图 2-6 所示。

图 2-6 设置账户头像

（3）在“设置”窗口左侧选择“登录选项”选项卡，在右侧面板中单击“密码”下方的 添加 按钮，在打开的界面中设置密码为“123456”，提示为“6 位数”，然后单击 下一步 按钮，在打开的界面中将提示密码创建完成，单击 完成 按钮成功创建登录密码。

3. 设置日期和时间

下面将系统日期修改为 2020 年 5 月 20 日，然后设置星期一为一周的第一天。

微课：设置日期和时间

（1）将鼠标指针移动至任务栏右侧的时间显示区域上，单击鼠标右键，在弹出的快捷菜单中单击“调整日期/时间”。

（2）打开“日期和时间”窗口，单击“自动设置时间”按钮，使其处于“关”状态，然后单击 更改 按钮。

（3）打开“更改日期和时间”对话框，在其中对应的下拉列表中设置日期为 2020 年 5 月 20 日，完成后单击 更改 按钮。

（4）单击“区域”选项卡，在右侧的“区域格式数据”中单击“更改数据格式”，跳转至“更改数据格式”窗口，在“一周的第一天”下拉列表中选择“星期一”。

4. 自定义任务栏

微课：自定义任务栏

- 单击“开始”按钮 ，在所有程序中找到需要固定到任务栏中的程序，然后在该程序选项上单击鼠标右键，在弹出的快捷菜单中选择“更多”命令，在子菜单中选择“固定到任务栏”命令，即可将所选程序固定到任务栏中。
- 当某一程序已经在计算机中打开后，可在任务栏上的程序图标上直接单击鼠标右键，在弹出的快捷菜单中选择“固定到任务栏”命令，程序将被固定到任务栏中。
- 在桌面上的程序快捷方式上单击鼠标右键，在弹出的快捷菜单中选择“固定到任务栏”命令，或直接将快捷方式拖至任务栏左侧的任务区，也可将程序固定到任务栏。

5.“个性化”设置

微课：“个性化”设置

下面将对 Windows 10 进行“个性化”设置，主要操作包括将“水果.jpg”图片设置为一个静态的桌面背景，然后选择主题颜色，最后以“主题 1”为名保存。

（1）在桌面空白处单击鼠标右键，在弹出的快捷菜单中选择“个性化”命令。

（2）打开“个性化设置”窗口，在右侧的“选择图片”栏中选择需要的图片，单击即可更改桌面背景。

（3）这里在“选择图片”栏中单击 浏览 按钮，打开“打开”对话框，在其中选择“水果.jpg”图片（配套资源：\素材文件\项目二\水果.jpg），单击 选择图片 按钮。

（4）返回“个性化设置”窗口，单击左侧的“颜色”选项卡，在右侧的“选择你的主题色”栏中，单击选中“从我的背景自动选取一种颜色”复选框。

（5）继续在“个性化设置”窗口中单击“主题”选项卡，在展开的页面中单击 保存主题 按钮，打开“保存主题”对话框，输入主题名称“主题 1”后单击 保存 按钮。

（6）关闭窗口返回桌面，可查看设置后的效果，如图 2-7 所示。

图 2-7 “个性化”设置后的效果

实验四 设置汉字输入法

（一）实验目的

- 掌握添加和删除输入法的操作方法。
- 学会设置系统字体。
- 能够使用微软拼音输入法输入文本。
- 使用语音识别功能录入文本。

（二）实验内容

1. 添加和删除输入法

下面将先在 Windows 10 中添加微软五笔输入法，然后将微软拼音输入法删除。

微课：添加和删除输入法

（1）在任务栏右下角单击“输入法”按钮，在打开的列表中选择“语言首选项”选项。

（2）打开“设置”窗口，右侧默认为“语言”界面，在右侧选择“中文（中华人民共和国）”。

（3）单击“首选语言”中的“中文（简体，中国）”单击 选项 按钮，在打开的列表中选择“微软五笔”选项，即可添加该输入法。

（4）此时在该窗口的“键盘”栏下可查看已添加的输入法。在任务栏中单击“输入法”按钮，在打开的列表中可查看添加的输入法，如图 2-8 所示。

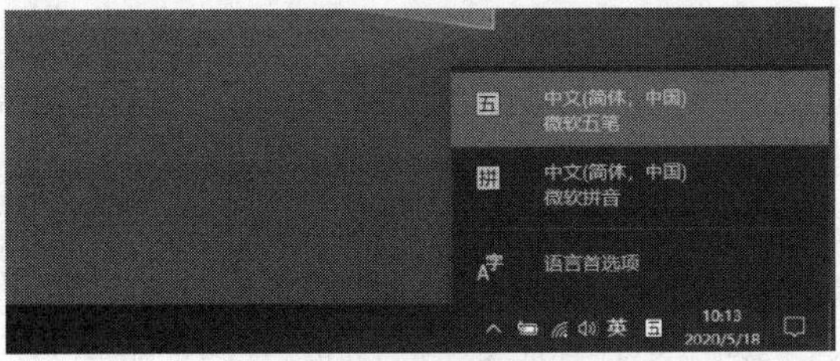

图 2-8 查看添加的输入法

（5）在“设置”窗口的“键盘”栏下选择“微软拼音”选项，并单击 删除 按钮，此时微软拼音输入法即被删除。

2．设置系统字体

微课：设置系统字体

下面将在系统中以快捷方式安装字体，并删除无用的系统字体。

（1）双击桌面上的“控制面板”快捷方式，打开“控制面板”窗口，单击“外观和个性化”超链接，在打开的窗口中的“字体”栏中单击“更改字体设置”超链接。

（2）打开“字体设置”窗口，在“安装设置”栏中单击选中“允许使用快捷方式安装字体（高级）”复选框，然后单击 确定 按钮，如图 2-9 所示。

（3）在桌面选择要安装的字体快捷方式，这里选择“方正中粗雅宋简体”字体，在其上单击鼠标右键，在弹出的快捷菜单中选择“为所有用户安装”命令，即可以快捷方式将字体安装到系统中。

（4）打开“字体”窗口，在其中选择需要删除的字体选项，然后在工具栏中单击 删除 按钮，此时将打开确认是否删除的提示对话框，如图 2-10 所示，在其中单击 是(Y) 按钮，即可将所选字体从系统中删除。

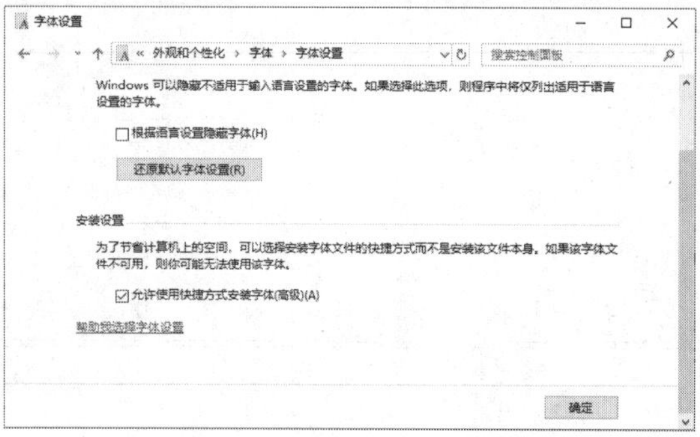

图 2-9　设置字体安装方式

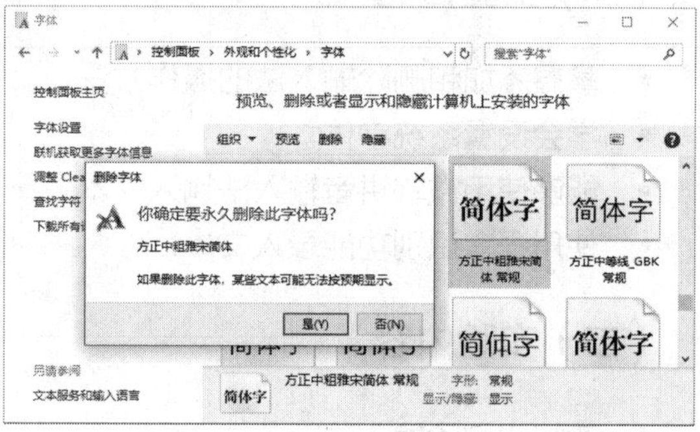

图 2-10　删除字体

3．使用微软拼音输入法输入文本

微课：使用微软拼音输入法输入文本

下面将启动记事本程序，创建一个“提醒事项”文档并使用微软拼音输入法输入文本“5 月 10 日下午三点整到三楼会议厅参加总结会议。人事部▲”。

（1）在桌面上的空白区域单击鼠标右键，在弹出的快捷菜单中选择“新建”/“文本文档”命令，在桌面上新建一个名为“新建文本文档”的文件，且文件名呈可编辑状态。

（2）单击任务栏中的“输入法”按钮 ，选择所需输入法，然后输入“tixingshixiang”，在弹出的汉字状态条中将显示出所需的“提醒事项”文本。

（3）单击状态条中的“提醒事项”或直接按【Space】键输入文本，再按【Enter】键完成输入。

（4）双击桌面上新建的“提醒事项”记事本文件，启动记事本程序，在编辑区单击，将出现一个文本插入点，按数字键【5】输入数字“5”，切换至微软拼音输入法，输入编码“yue”，单击状态条中的“月”或按【Space】键输入“月”字。

（5）继续输入数字“10”，并输入编码“ri”，按【Space】键输入“日”字，再输入简拼编码“xiaw”，单击或按【Space】键输入词组“下午”，如图 2-11 所示。

（6）按【Enter】键换行后，继续使用微软拼音输入法输入后面的文本“三点整到三楼会议厅参加总结会议。人事部”，输入过程中按【Enter】键可分段换行。

（7）在“人事部”文本右侧单击定位文本插入点，单击微软拼音输入法状态条上的☺按钮，在打开的列表框中选择“几何”选项卡，再在打开的列表框中单击选择几何符号“▲”，如图 2-12 所示。

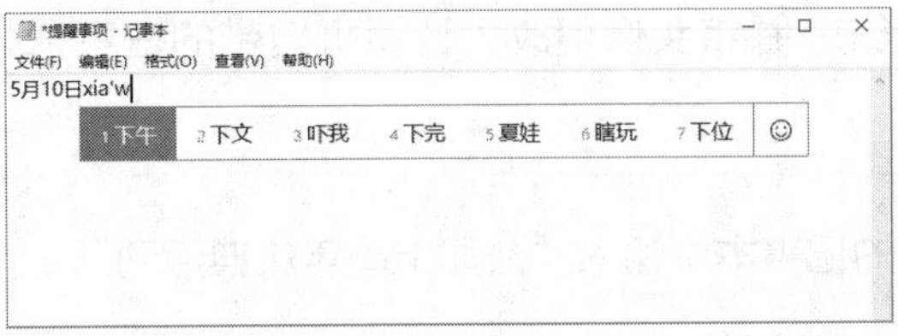

图 2-11　输入词组“下午”

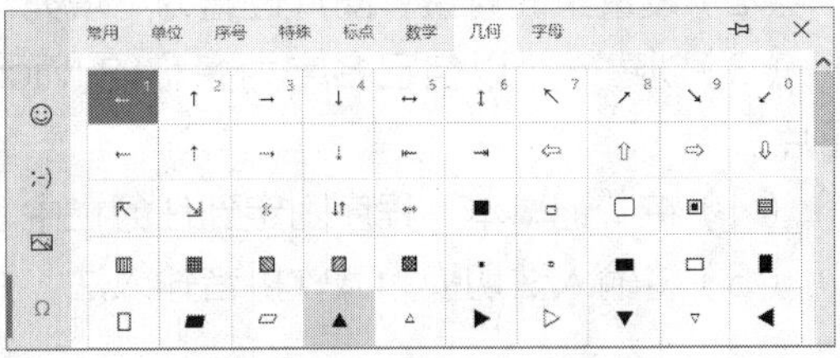

图 2-12　插入几何符号

（8）返回记事本程序中，选择“文件”菜单下的“保存”命令，保存文档内容。

4．使用语音识别功能录入文本

下面将打开“新建文本文档”记事本，并使用 Windows 10 的语音输入功能输入“6 月 18 日提交调查报告”。

微课：使用语音识别功能录入文本

（1）打开“控制面板”窗口，在其中单击“轻松使用”超链接，在打开的窗口中单击“启动语音识别”超链接。

（2）第一次使用语音识别系统时，会打开“设置语音识别”对话框，在其中单击 下一步(N) 按钮。

（3）在打开的对话框中单击选中“头戴式麦克风”单选按钮，单击 下一步(N) 按钮。

（4）打开对话框，按照提示放置话筒后单击 下一步(N) 按钮。

（5）打开对话框，按照提示读出语句，然后单击 下一步(N) 按钮。

（6）在打开的对话框中直接单击 下一步(N) 按钮，完成话筒设置。

（7）在打开的对话框中单击选中的“启用文档审阅”单选按钮，然后单击 下一步(N) 按钮，如图 2-13 所示。

（8）依次在打开的对话框中单击 下一步(N) 按钮，进行设置。

（9）单击 跳过教程(P) 按钮完成语音输入设置，此时将打开语音识别程序，切换到“记事本”窗口，在其中定位文本插入点后，对着话筒说出“6 月 18 日提交调查报告”，稍后该文本将显示在记事本中，如图 2-14 所示。

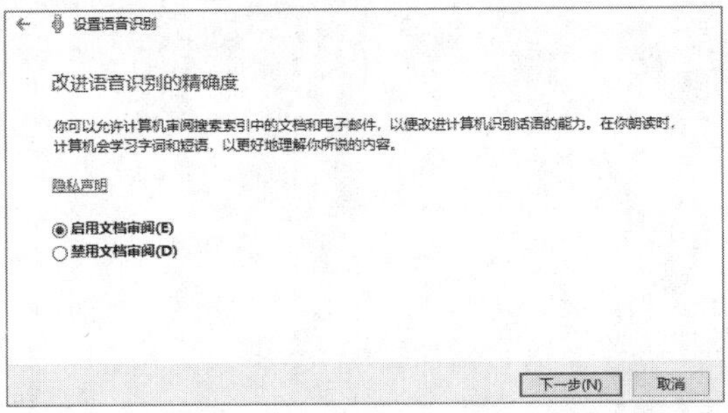

图 2-13　单击选中的“启用文档审阅”单选按钮

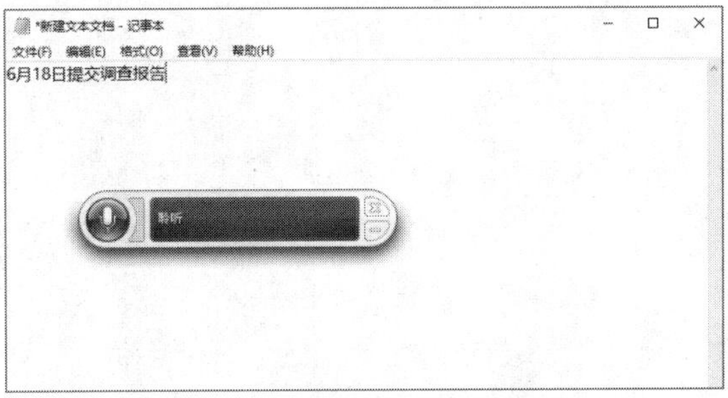

图 2-14　使用语音输入文本内容

（10）语音输入结束后，在语音识别面板上单击鼠标右键，在弹出的快捷菜单中选择“退出”命令，关闭语音识别功能。

综合实践

（1）通过“开始”菜单启动计算机中安装的 Word 2019 程序，然后将打开的 Word 程序窗口进行最大化和最小化操作，最后还原窗口并关闭窗口。

（2）设置桌面背景，图片位置为“填充”，并将主题颜色设置为“从背景图片中选取”。

（3）创建一个以自己名字为名称的 Microsoft 账户，并将头像更改为计算机自带的任意一张图片。

（4）将“记事本”程序固定到任务栏中。

（5）将输入法切换为微软拼音输入法，并在打开的记事本中输入“公司十周年庆典活动”。

项目三 管理计算机中的资源

03

实验一　管理文件和文件夹资源

（一）实验目的

- 掌握选择文件或文件夹的方式。
- 掌握新建、移动、复制、重命名、删除、还原及搜索文件和文件夹的操作。
- 熟悉文件和文件夹属性的设置方法。
- 学会使用库。
- 能够熟练使用快速访问列表。

（二）实验内容

1. 选择文件或文件夹的方式

- 选择单个文件或文件夹。使用鼠标直接单击文件或文件夹图标即可将其选中。
- 选择多个相邻的文件或文件夹。在窗口空白处按住鼠标左键不放，拖动鼠标框选需要选择的多个对象，再释放鼠标即可。
- 选择多个连续的文件或文件夹。单击选择第一个对象，按住【Shift】键不放，再单击最后一个对象，可选择两个对象中间的所有对象。
- 选择多个不连续的文件或文件夹。按住【Ctrl】键不放，再依次单击所要选择的文件或文件夹，可选择多个不连续的文件或文件夹。
- 选择所有文件或文件夹。直接按【Ctrl+A】组合键，或在“选择”组中单击 全部选择 按钮，即可选择当前窗口中的所有文件或文件夹。

微课：选择文件或文件夹的方式

2. 新建文件和文件夹

下面将新建“产品介绍”和“公司员工考勤统计”文件，以及“办公”文件夹和“表格”“文档”子文件夹。

（1）双击桌面上的“此电脑”图标，打开资源管理器窗口，双击“本地磁盘(G:)”图标，打开“本地磁盘(G:)”目录窗口。

（2）在“主页”/“新建”组中单击“新建项目”按钮，在打开的列表中选择“文本文档”选项，如图 3-1 所示，或在窗口的空白处单击鼠标右键，在弹

微课：新建文件和文件夹

出的快捷菜单中选择“新建”/“文本文档”命令。

（3）系统将在本地磁盘(G:)中新建一个名为“新建文本文档”的文本文档，且文件名呈可编辑状态，输入“产品介绍”，然后单击空白处或按【Enter】键即可为该文件命名。

（4）在“主页”/“新建”组中单击“新建项目”按钮，在打开的列表中选择“Microsoft Excel 工作表”选项，或在窗口的空白处单击鼠标右键，在弹出的快捷菜单中选择“新建”/“Microsoft Excel 工作表”命令，将新建一个 Excel 文件，输入文件名“公司员工考勤统计”，按【Enter】键，效果如图 3-2 所示。

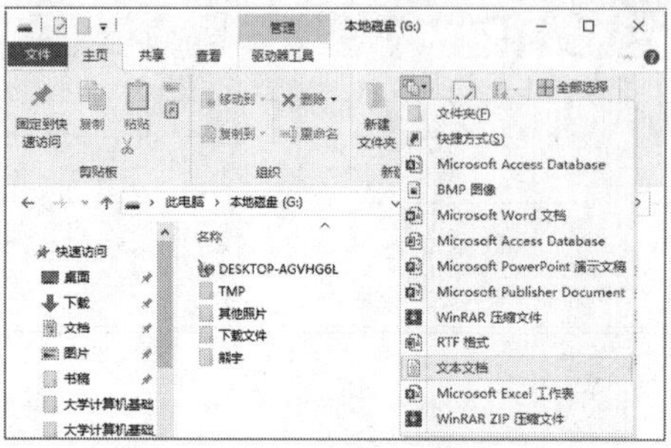

图 3-1　选择“文本文档”选项

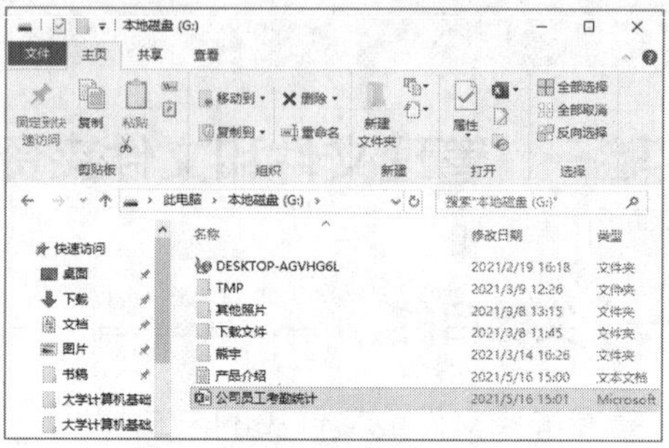

图 3-2　新建 Excel 文件

（5）在“主页”/“新建”组中单击“新建文件夹”按钮，或在右侧文件显示区中的空白处单击鼠标右键，在弹出的快捷菜单中选择“新建”/“文件夹”命令，此时将新建一个文件夹，且文件夹名称呈可编辑状态，输入“办公”，然后按【Enter】键，完成文件夹的新建。

（6）双击新建的“办公”文件夹，在“主页”/“新建”组中单击“新建项目”按钮，在打开的列表中选择“文件夹”选项，输入子文件夹名称“表格”后按【Enter】键，然后再新建一个名为“文档”的子文件夹。

微课：移动、复制、重命名文件和文件夹

3. 移动、复制、重命名文件和文件夹

下面将移动“公司员工考勤统计”文件至“表格”文件夹中，并复制“产品介绍”文件至“文档”文件夹，最后将复制后的文件重命名为“公司简介”。

（1）在导航窗格中单击展开“此电脑”，然后选择“本地磁盘(G:)”图标。

（2）在右侧窗口中选择“公司员工考勤统计”文件，在“主页”/“组织”组中单击“移动到”按钮，在打开的列表中选择“选择位置”选项。

（3）打开“移动项目”对话框，在其中选择“办公”文件夹中的“表格”文件夹，然后单击“移动(M)”按钮，以完成文件的移动，如图 3-3 所示。

（4）继续在本地磁盘(G:)中选择“产品介绍”文件，在“主页”/“组织”组中单击“复制到”按钮，在打开的列表中选择“选择位置”选项，如图 3-4 所示。

（5）打开“复制项目”对话框，在其中选择“办公”文件夹中的“文档”文件夹，然后单击“复制(C)”按钮，完成文件的复制操作。

（6）选择复制后的文件，单击鼠标右键，在弹出的快捷菜单中选择“重命名”命令，此时要重命名的文件名称部分呈可编辑状态，在其中输入新的名称“公司简介”后按【Enter】键重命名文件。

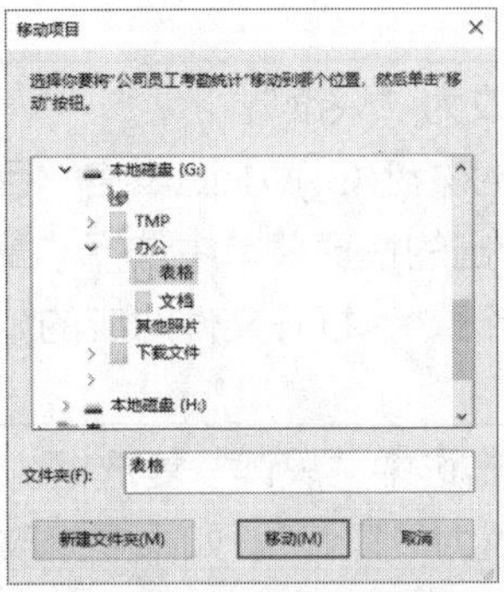

图 3-3　选择移动文件的保存位置

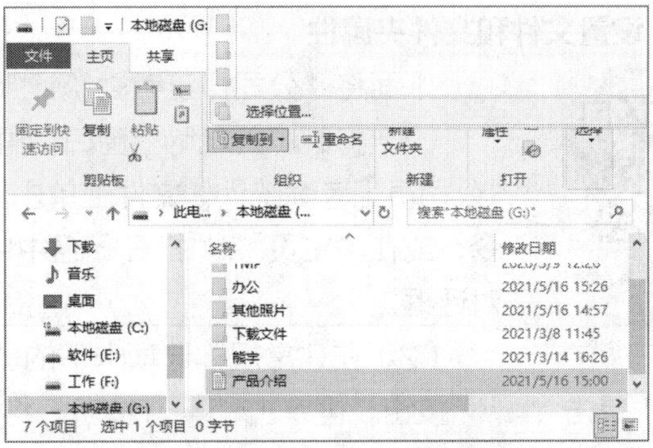

图 3-4　选择"选择位置"选项

4. 删除和还原文件

下面将删除"产品介绍"文件并还原该文件。

（1）在导航窗格中选择"本地磁盘(G:)"，然后在右侧窗口中选择"产品介绍"文件。

（2）在该文件上单击鼠标右键，在弹出的快捷菜单中选择"删除"命令，或选中它后按【Delete】键，即可删除"产品介绍"文件。

（3）单击任务栏最右侧的"显示桌面"按钮，切换至桌面，双击"回收站"图标，在打开的窗口中可以查看到最近删除的文件和文件夹等对象，在要还原的"产品介绍"文件上单击鼠标右键，在弹出的快捷菜单中选择"还原"命令，或在"回收站工具"/"还原"组中单击"还原选定的项目"按钮，即可将其还原到被删除前的位置。

微课：删除和还原文件

5. 搜索文件和文件夹

下面将在计算机中搜索"软件(E:)"中的".jpg"格式文件。

（1）在文件资源管理器中打开需要搜索的位置，如需在所有磁盘中查找，则打开"此电脑"窗口，如需在某个磁盘分区或文件夹中查找，则打开具体的磁盘分区或文件夹窗口。这里打开"软件(E:)"窗口。

（2）在窗口地址栏后面的搜索框中输入要搜索的文件信息，由于此处不记得要搜索文件的具体名称，因此采用模糊搜索功能进行搜索，即用通配符"*"来代替任意数量的任意字符。这里在搜索框中输入"*.jpg"，Windows 10 会自动在"软件(E:)"中搜索所有符合文件信息的对象，并在文件显示区中显示搜索结果。

微课：搜索文件和文件夹

（3）根据需要，还可在"搜索"/"优化"组中选择"修改日期""大小""类型""其他属性"等来设置搜索条件，缩小搜索范围，如图 3-5 所示。搜索完成后在功能区单击"关闭搜索"按钮 ✕ 即可退出搜索。

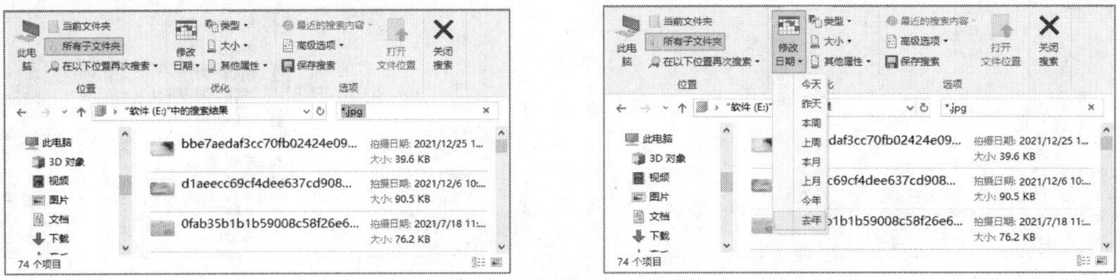

（a）　　　　（b）

图 3-5　搜索"软件(E:)"中的".jpg"格式文件

6. 设置文件和文件夹属性

微课：设置文件和文件夹属性

下面将“公司员工考勤统计”文件的属性更改为“只读”。

（1）打开“此电脑”窗口，再依次展开“本地磁盘(G:)\办公\表格”目录，在“公司员工考勤统计”文件上单击鼠标右键，在弹出的快捷菜单中选择“属性”命令，或在“主页”/“打开”组中单击“属性”按钮，打开文件对应的“属性”对话框。

（2）在“常规”选项卡下的“属性”栏中单击选中“只读”复选框。

（3）单击 应用(A) 按钮，再单击 确定 按钮，将文件的属性设置为“只读”。如果要修改文件夹的属性，应用设置后还将打开图 3-6 所示的“确认属性更改”对话框，用户根据需要选择文件夹属性的应用方式后单击 确定 按钮，即可设置相应的文件夹属性。

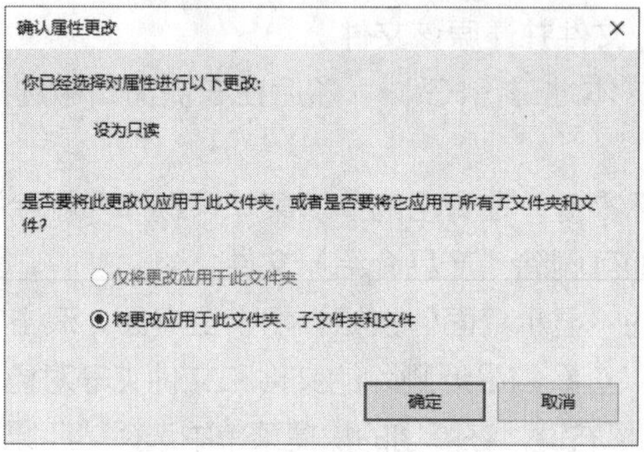

图 3-6　选择文件夹属性的应用方式

7. 使用库

下面将新建“办公”库，将“文档”文件夹添加到库中。

微课：使用库

（1）打开“此电脑”窗口，在“查看”/“窗格”组中单击“导航窗格”按钮，在打开的列表中选择“显示库”选项，即可在导航窗格中显示库文件。

（2）在导航窗格中单击“库”图标，打开“库”文件夹，此时在右侧窗口中将显示所有库，双击库文件夹便可打开查看。

（3）返回库面板，在“主页”/“新建”组中单击“新建项目”按钮，在打开的列表中选择“库”选项，即可新建一个名称可编辑的库，输入库的名称“办公”，然后按【Enter】键即可，如图 3-7 所示。

（4）在导航窗格中打开“本地磁盘(G:)\办公”目录，选择要添加到库中的“文档”文件夹，然后单击鼠标右键，在弹出的快捷菜单中选择“包含到库中”/“办公”命令，如图 3-8 所示，即可将所选择的文件夹添加到之前新建的“办公”库中，并可通过“办公”库来查看该文件夹。

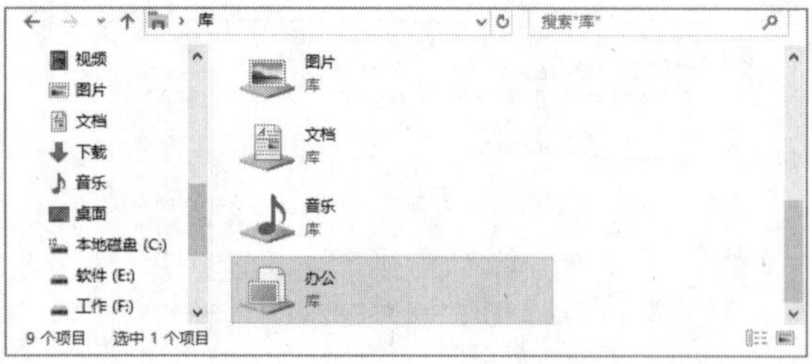

图 3-7　新建库

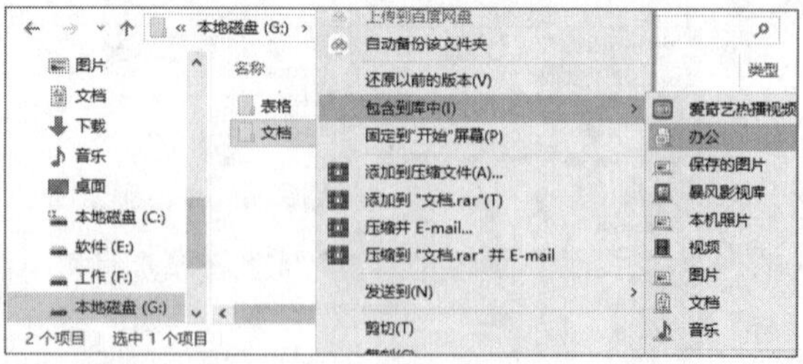

图 3-8　将文件夹添加到库中

8. 使用快速访问列表

- 通过“固定到快速访问”按钮实现。打开需要添加到快速访问列表的文件夹，在“主页”/“剪贴板”组中单击“固定到快速访问”按钮。
- 通过快捷命令实现。打开要固定到快速访问列表中的文件夹，在导航窗格上的“快速访问”栏上单击鼠标右键，在弹出的快捷菜单中选择“将当前文件夹固定到‘快速访问’”命令，如图 3-9 所示。
- 通过文件夹快捷命令实现。在要固定到快速访问列表的文件夹上单击鼠标右键，在弹出的快捷菜单中选择“固定到快速访问”命令，如图 3-10 所示。
- 通过导航窗格实现。在导航窗格中找到要固定到快速访问列表的文件夹，单击鼠标右键，在弹出的快捷菜单中选择“固定到快速访问”命令。

微课：使用快速访问列表

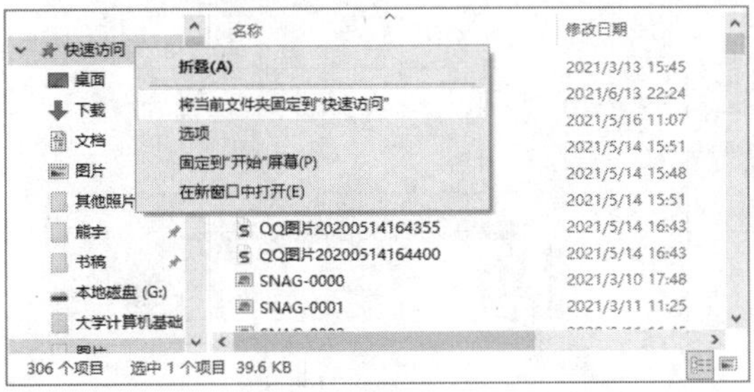

图 3-9 通过快捷命令使用快速访问列表

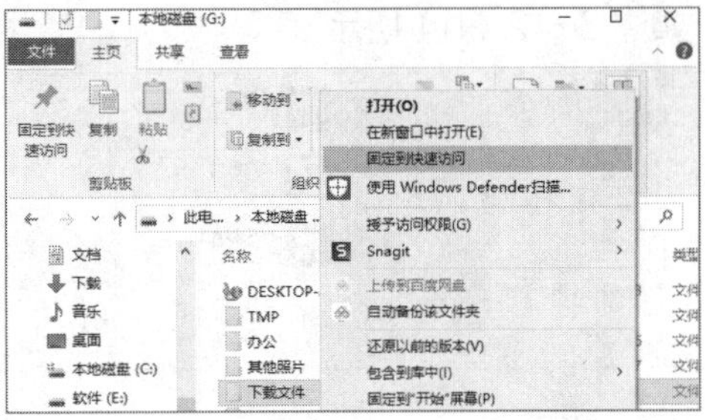

图 3-10 通过文件夹快捷命令访问列表

实验二 管理程序和硬件资源

（一）实验目的

- 掌握安装和卸载应用的操作方法。
- 了解启用或关闭 Windows 功能的操作方法。
- 掌握计算机硬件的设置与使用方法。
- 学会使用附件程序。

（二）实验内容

1. 安装和卸载应用

下面将通过网络下载安装万能五笔输入法，然后卸载计算机中不需要使用的应用。

微课：安装和卸载应用

（1）通过浏览器进入万能五笔输入法官方网站，单击 立即下载 按钮。打开的提示对话框中提供了“运行”“保存”“取消”3 种不同的操作方式，这里直接单击 保存 按钮。

（2）稍后系统将自动下载其安装程序至计算机中，待下载成功后，单击 打开文件夹 按钮，如图 3-11 所示。

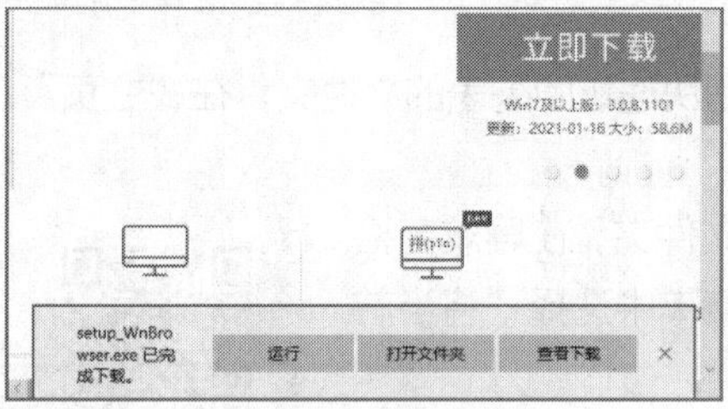

图 3-11　查看下载的软件安装程序

（3）在打开的文件夹中双击“wnwb10.0.4.10418”文件，打开“万能五笔 10.0 正式版 安装”对话框，其中显示了该应用的安装路径，若要更改，可单击“文件夹”按钮，在打开的对话框中进行选择，这里保持默认设置，单击一键安装按钮。

（4）稍等片刻后，万能五笔输入法将成功安装到 Windows 10 操作系统中。

（5）按【Win+I】组合键打开“设置”窗口，在其中选择“应用”，打开“应用和功能”窗口，在其中找到需要卸载的“暴风影音 5”应用，并在其上单击，然后在展开的界面中单击卸载按钮，如图 3-12（a）所示。

（6）此时将弹出提示框，提示此应用及其相关的信息将被卸载，单击卸载按钮即可开始卸载，如图 3-12（b）所示。

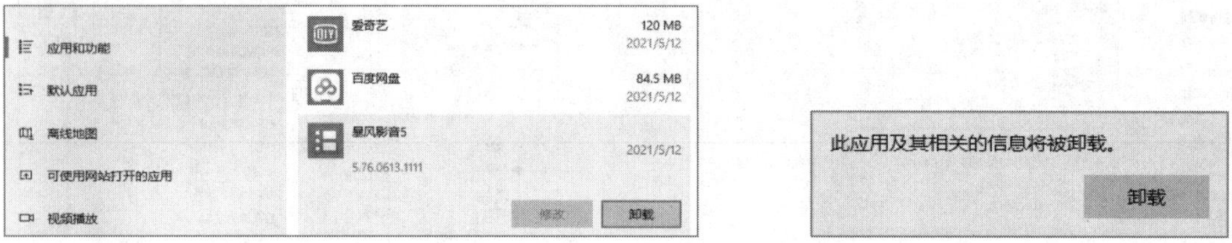

（a）　　（b）

图 3-12　在“应用和功能”窗口卸载程序

2. 启用或关闭 Windows 功能

微课：启用或关闭 Windows 功能

下面将使用启用或关闭 Windows 功能对应用程序进行安装与卸载。

（1）打开“控制面板”窗口，单击“程序”超链接，在右侧的“程序和功能”栏中单击“启用或关闭 Windows 功能”超链接，打开“Windows 功能”对话框。

（2）展开“Internet Information Services”选项，在其中依次单击选中“FTP 服务器”“Web 管理工具”“万维网服务”3 个复选框。

（3）单击“展开”按钮⊞，将“万维网服务”选项展开，然后在其中选中相应的复选框，如图 3-13 所示，完成后单击确定按钮，然后，在打开的界面中将显示正在安装，并显示安装进度。

（4）稍等片刻后，在打开的界面中将提示安装请求已完成，单击关闭按钮。

（5）按【Win+I】组合键打开“设置”窗口，在其中选择“应用”，打开“应用和功能”窗口，在右侧单击“可选功能”超链接，打开“可选功能”窗口，在其中选择“Internet Explorer 11”，在展开的列表中单击卸载按钮，即可将应用卸载，如图 3-14 所示。

3. 安装打印机硬件驱动程序

下面将安装 Lenovo M7216NWA 型号打印机。先连接打印机，然后安装打印机的驱动程序。

（1）不同的打印机有不同类型的端口，常见的有 USB、LPT 和 COM 端口，可参见打印机的使用说明书，将数据线的一端插入计算机主机机箱后面相应的接口中，再将另一端与打印机背面接口相连，然后接通打印机的电源。

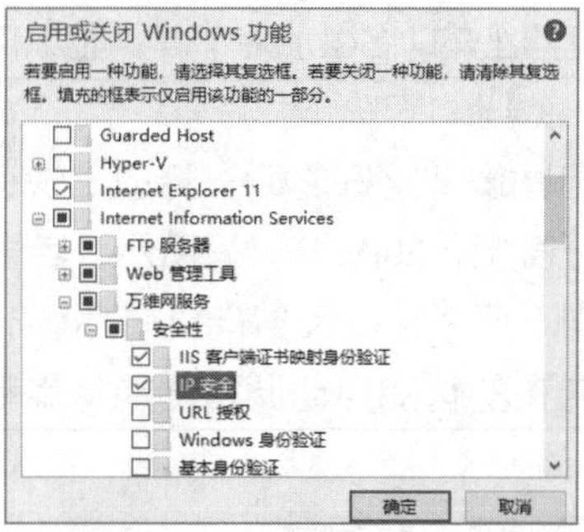

图 3-13　设置 IIS 选项

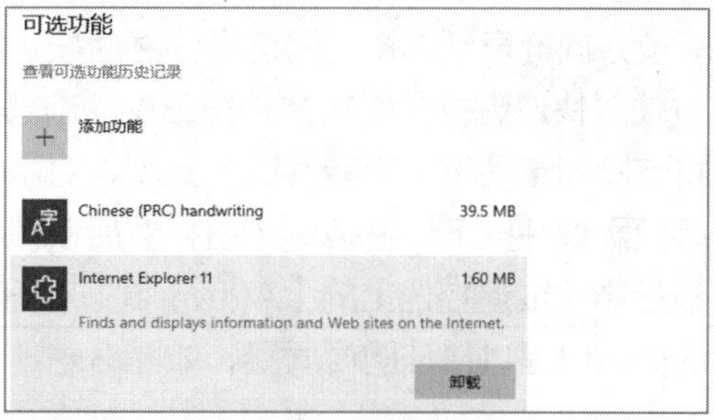

图 3-14　卸载 IE 功能

（2）在“此电脑”窗口中，找到下载的打印机驱动程序所在的文件夹，在其中双击“运行.exe”可执行文件，在打开的对话框中提示选择打印机型号。

（3）在打开的对话框中单击“安装程序”按钮，打开“安装软件”对话框，其中提供了几种安装方式，这里单击“安装多功能套装软件”按钮。

微课：安装打印机硬件驱动程序

（4）打开“Lenovo 打印设备安装”对话框，单击“本地连接（USB）”单选按钮，如果安装的是网络打印机，则选择其他两种连接方式，然后单击 下一步(N) > 按钮，如图 3-15 所示。

（5）开始安装打印机硬件驱动程序，并显示安装进度，如图 3-16 所示。稍等片刻后，将提示打印机硬件驱动程序安装和配置成功的信息。

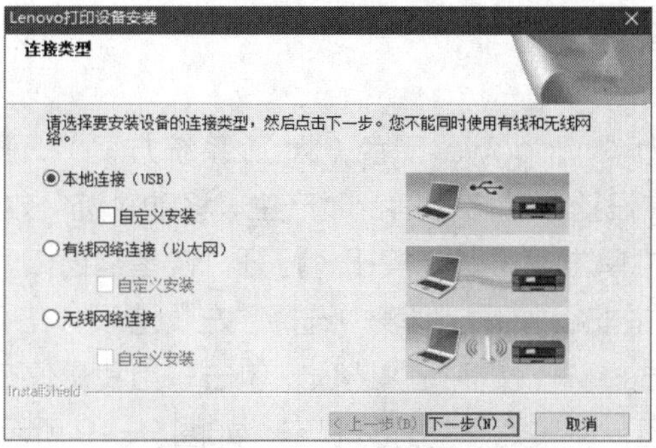

图 3-15　选择连接类型

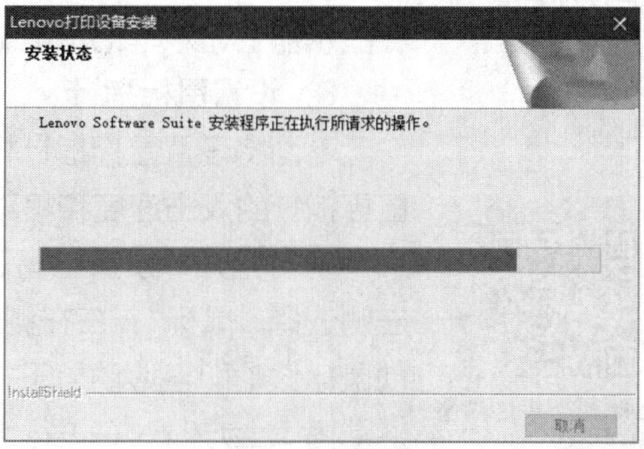

图 3-16　安装进度

4. 设置投影仪

下面将设置明基 MP625P 投影仪，具体操作如下。

（1）将明基 MP625P 投影仪的电源线插入电源插座，打开电源插座开关，接通电源后，检查投影仪上的电源指示灯是否为亮橙色。

（2）取下镜头盖。如果镜头盖一直盖罩镜头，它可能会因为投影灯泡产生的热量而变形。

（3）按投影仪或遥控器上的【POWER】键启动投影仪。当投影仪电源打开时，电源指示灯会先闪烁，然后常亮绿灯。启动程序约需 30 s，在启动后将显示启动标志。

（4）如果是初次使用投影仪，请按照屏幕上的说明选择语言。

微课：设置投影仪

（5）接通需连接的设备，如计算机、视频播放器等，然后投影仪开始搜索输入信号。屏幕左上角显示当前扫描的输入信号。如果投影仪未检测到有效信号，屏幕上将一直显示“无信号”信息，直至检测到输入信号。

（6）也可手动浏览选择可用的输入信号，按投影机或遥控器上的【Source】键，显示信号源选择栏，重复按方向键直到选择所需信号，然后按【Mode/Enter】键。

（7）按住“快速装拆”按钮并将投影仪的前部抬高，一旦图像调整好之后，释放“快速装拆”按钮，以将支脚锁定到位。旋转后调节支脚，对水平角度进行微调，如图 3-17 所示。若要收回支脚，可抬起投影仪并按下快速装拆按钮，然后慢慢将投影仪向下压，接着反方向旋转后调节支脚。

（8）按投影仪或遥控器上的【Auto】键，在 3 s 内，其内置的智能自动调整功能将重新调整频率和脉冲的值，以提供最佳图像质量，如图 3-18 所示。

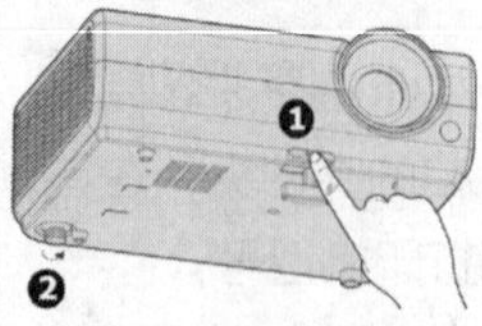

图 3-17　微调水平角度

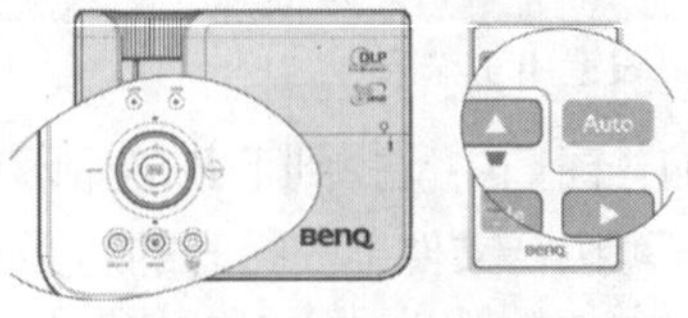

图 3-18　自动调整图像

（9）使用变焦环将投影图像调整至所需的尺寸。

（10）旋动调焦圈使图像聚焦，然后完成启动操作，可以使用投影仪播放视频和图像。

5. 连接笔记本电脑到显示器

微课：连接笔记本电脑到显示器

（1）准备一根VGA接口的视频线，在笔记本电脑的一侧找到VGA的接口。

（2）将视频线一头插入笔记本电脑的 VGA 接口中，将另一头与显示器连接。

（3）按【Win+P】组合键打开切换面板，在其中选择“仅投影仪”选项即可在显示器上显示笔记本电脑中的内容。

6. 设置鼠标指针

微课：设置鼠标指针

下面将设置鼠标指针样式方案为“Windows 黑色（大）（系统方案）”，调节鼠标指针的双击速度和移动速度，并设置移动鼠标指针时产生“移动轨迹”效果。

（1）打开“设置”窗口，在其中单击“设备”按钮，打开“设备”窗口，在左侧选择“鼠标”，在右侧的“选择主按钮”下拉列表中选择“左”选项，在“滚动鼠标滚轮即可滚动”下拉列表中选择“一次多行”选项，单击“当我悬停在非活动窗口上方时对其进行滚动”按钮，使其处于“开”状态，如图 3-19 所示。

（2）在“相关设置”栏中单击“其他鼠标选项”超链接，打开“鼠标 属性”对话框，在“双击速度”栏中拖动滑块进行设置，如图 3-20 所示。

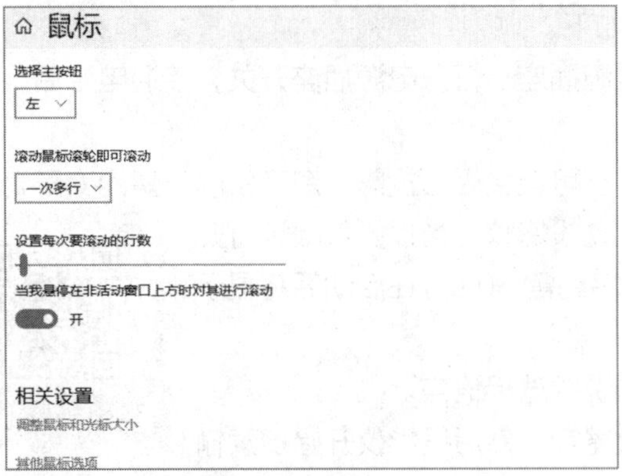

图 3-19　设置鼠标

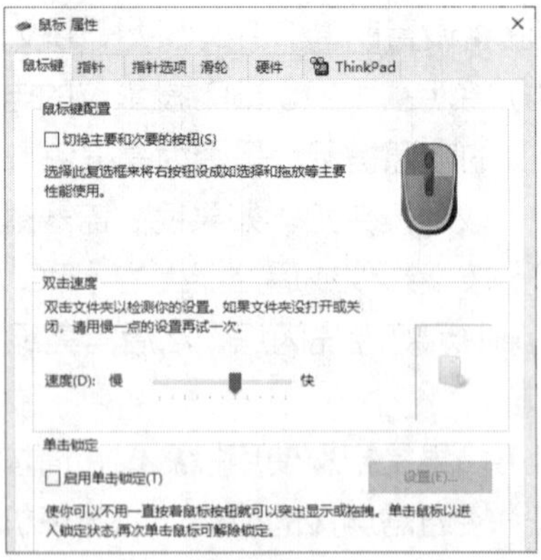

图 3-20　设置鼠标指针双击速度

（3）单击“指针”选项卡，在“方案”下拉列表中选择鼠标样式方案，这里选择“Windows 黑色（大）（系统方案）”。

（4）如果要自定义鼠标指针在某状态下的样式，则可在“自定义”列表中选择需单独更改样式的鼠标选项，然后单击 浏览(B)... 按钮进行选择。

（5）单击“指针选项”选项卡，在“移动”栏中拖动滑块可以调整鼠标指针的移动速度，单击选中“显示指针轨迹”复选框，移动鼠标指针时会产生“移动轨迹”效果，完成鼠标指针的设置后，单击 确定 按钮。

7. 设置键盘

下面将通过设置减少键盘重复输入一个字符的延迟时间，使重复输入字符的速度加快，并适当调整光标的闪烁速度。

微课：设置键盘

（1）打开“控制面板”窗口，在其中单击“键盘”超链接。

（2）打开“键盘 属性”对话框，单击“速度”选项卡，向右拖动“字符重复”栏中的“重复延迟”滑块，减少键盘重复输入一个字符的延迟时间，向左拖动，增加延迟时间；向右拖动“重复速率”滑块，使输入字符的速度加快。

（3）在“光标闪烁速度”栏中拖动滑块改变文本编辑程序（如记事本）中文本插入点在编辑位置的闪烁速度，如将向左拖动滑块设置为中等速度。单击 确定 按钮，完成设置。

8. 使用 Windows Media Player

微课：使用 Windows Media Player

（1）在 Windows Media Player 窗口的工具栏上单击鼠标右键，在弹出的快捷菜单中选择“文件”/“打开”命令或按【Ctrl+O】组合键，在打开的“打开”对话框中选择需要播放的音频或视频文件，单击 打开(O) 按钮，即可在 Windows Media Player 中播放音频或视频。

（2）在 Windows Media Player 工具栏中单击鼠标右键，在弹出的快捷菜单中选择“视图”/“外观选择器”命令，将播放器切换到如图 3-21 所示的外观模式。选择所需的播放模式后，选择“文件”/“打开”命令，在打开的“打开”对话框中选择要播放的文件后，单击 打开(O) 按钮即可。

（3）单击 Windows Media Player 工具栏中的 创建播放列表(C) 按钮，在导航窗格的“播放列表”下将新建一个播放列表，输入播放列表名称后按【Enter】键确认创建，然后单击导航窗格中的“音乐”选项，在显示区将需要的音乐拖动到新建的播放列表中，添加后双击该列表选项即可依次播放列表中的所有音乐。

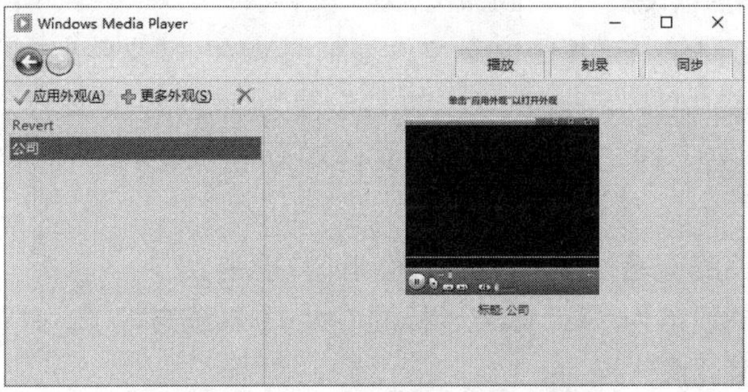

图 3-21　切换播放器外观后的效果

9. 使用画图应用

下面将使用画图应用绘制一个黄色心形图形，然后利用画图应用对素材文件“背景”进行编辑。

微课：使用画图应用

（1）选择“开始”/“Windows 附件”/“画图”命令，启动画图应用。

（2）在“主页”选项卡的“形状”组中单击“心形”选项，在“颜色”组中单击选择一种颜色，这里选择“红色”，然后移动鼠标指针到绘图区，按住鼠标左键不放拖动鼠标可绘制出相应形状的图形。

（3）单击“工具”工具栏中的“用颜色填充”按钮，在“颜色”工具栏中选择一种颜色，这里选择“黄色”，然后单击绘制的图形即可将该图形填充为所选颜色，如图 3-22 所示。

图 3-22　为心形图形填充黄色

（4）选择“文件”/“打开”命令或按【Ctrl+O】组合键，在打开的“打开”对话框中找到并选择图像，单击 打开(O) 按钮打开图像。

（5）打开图像后，单击“图像”工具栏中的 旋转 按钮，在打开的下拉列表中选择需旋转的方向和角度，可以旋转图形。

（6）单击“图像”工具栏中的选择按钮，在打开的下拉列表中选择“矩形选择”选项，在图像中按住鼠标左键不放并拖动鼠标可以选择局部图像区域，选择图像后按住鼠标左键不放进行拖动可以移动图像的位置。若单击“图像”工具栏中的 裁剪 按钮，将自动裁剪掉多余的部分，留下被框选部分的图像。

综合实践

（1）管理文件和文件夹，具体要求如下。

① 在计算机G盘下新建PING、WANN和INPN 3个文件夹，再在PING文件夹下新建LING子文件夹，在该子文件夹中新建一个“BEIFE.txt”文件。

② 将PING文件夹下的“BEIFE.txt”文件复制到WANN文件夹中。

③ 将WANN文件夹中的“BEIFE.txt”文件设置为隐藏和只读属性。

④ 将 PING 文件夹下的“BEIFE.txt”文件移动到 INPN3 文件夹中，并将其重命名为“WANG.txt”。

（2）从网上下载迅雷的安装程序，然后安装到计算机中。

（3）将鼠标指针样式设置为“Windows 标准（大）(系统方案)”，并将鼠标指针的双击速度调快一格，同时将移动速度调慢一格。

（4）利用画图应用打开一个图像文件，水平旋转后以“旋转图像”为名保存到桌面。

项目四
制作并编辑Word文档

04

实验一　制作“活动通知”文档

（一）实验目的

- 掌握新建并保存文档的方法。
- 掌握输入、复制、粘贴文本的方法。
- 掌握查找和替换文本的方法。
- 掌握段落对齐方式、段落缩进和行间距的设置方法。
- 掌握字体格式的设置方法。

（二）实验内容

1. 新建并保存文档

下面先新建一个 Word 文档，并将其以“活动通知”为名进行保存。

微课：新建并保存文档

（1）单击“开始”按钮，在打开的“开始”菜单中选择“Word”命令，启动 Word 2019 并在打开的界面中选择“空白文档”选项，如图 4-1 所示。

（2）新建名为“文档 1”的空白 Word 文档，选择“文件”/“保存”命令，打开“另存为”界面，选择“浏览”选项。

（3）打开“另存为”对话框，设置文档的保存位置，输入文件名“活动通知”，如图 4-2 所示，单击 保存(S) 按钮，返回 Word 2019 工作界面，此时文档名称已经发生变化。

图 4-1　新建文档

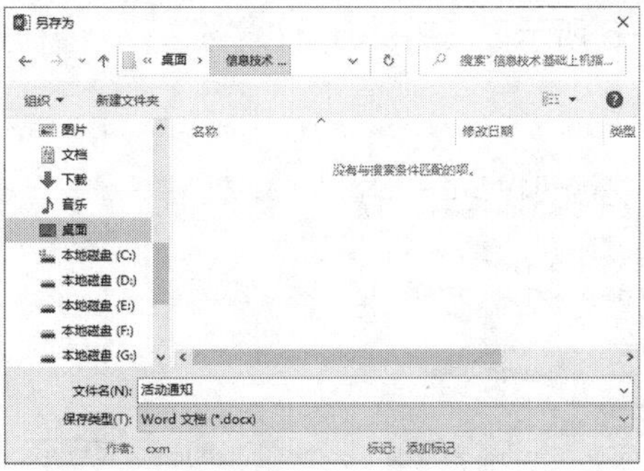

图 4-2　保存文档

2. 输入、复制、粘贴文本

微课：输入、复制、粘贴文本

下面先输入文本，再复制并粘贴文本，从而快速输入其他文本。

（1）新建并保存文档后，文本插入点将自动定位到文档起始处，切换到中文输入法，输入标题文本“关于开展拓展训练活动的通知”，然后按【Enter】键换行，效果如图 4-3 所示。

（2）打开“活动通知.txt”文档（配套资源:\素材文件\项目四\活动通知.txt），按【Ctrl+A】组合键选择所有文本，按【Ctrl+C】组合键复制文本，返回“活动通知.docx”文档，按【Enter】键换行，然后按【Ctrl+V】组合键粘贴文本，效果如图 4-4 所示。

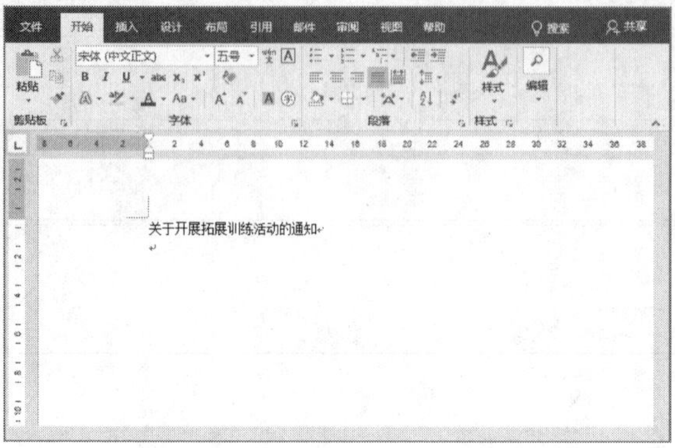

图 4-3　定位文本插入点

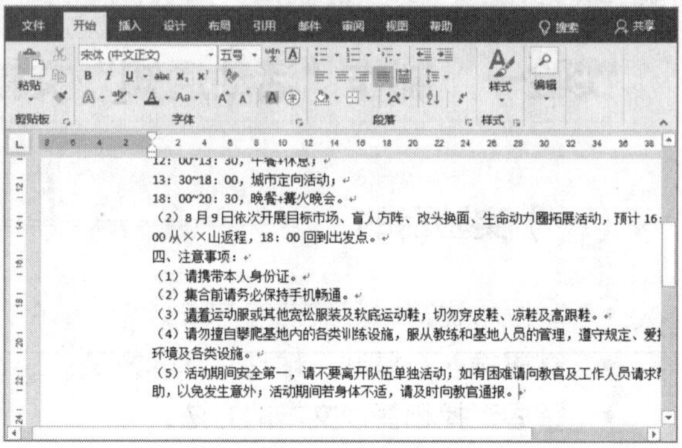

图 4-4　粘贴文本

3. 查找和替换文本

微课：查找和替换文本

下面将使用 Word 2019 的查找与替换功能，将文档中的错误文本“8 月”更正为“2 月”。

（1）将文本插入点定位到文档开始处，在“开始”/“编辑”组中单击 替换 按钮，或按【Ctrl+H】组合键。

（2）打开“查找和替换”对话框，分别在“查找内容”和“替换为”文本框中输入“8 月”和“2 月”。单击 查找下一处(F) 按钮，可看到查找到的第一个“8 月”文本呈选中状态，如图 4-5 所示。

（3）继续单击 查找下一处(F) 按钮，直至出现对话框，提示已完成文档的搜索。单击 确定 按钮，返回“查找和替换”对话框，单击 全部替换(A) 按钮。

（4）打开提示对话框，提示完成替换的次数，直接单击 确定 按钮即可完成替换，效果如图 4-6 所示。

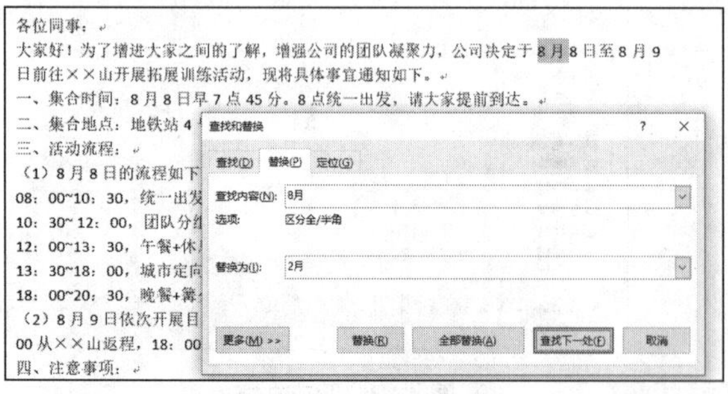

图 4-5　查找需替换的文本

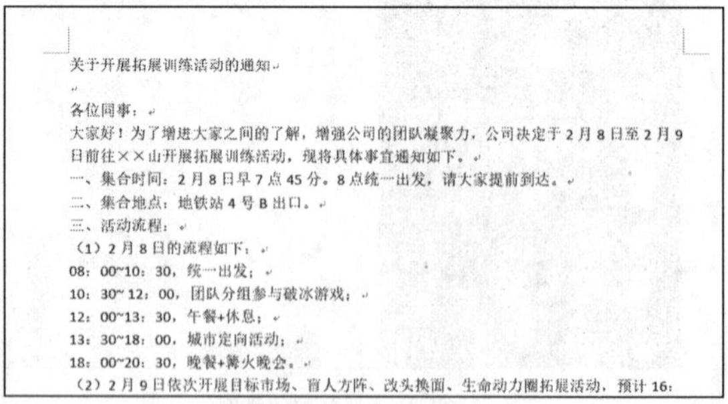

图 4-6　替换后的效果

4. 设置文本格式

微课：设置文本格式

下面先输入日期和时间，再分别设置文本的字体格式和段落格式。

（1）将文本插入点定位到文本的最后，按【Enter】键换行，然后输入公司名称。再次按【Enter】键换行，在“插入”/“文本”组中单击“日期和时间”按钮。

（2）打开“日期和时间”对话框，在“可用格式”列表框中选择一种格式，这里选择“2021 年 2 月 1 日”，单击 确定 按钮，如图 4-7 所示。返回 Word 2019 工作界面即可看到输入文本后的效果。

（3）拖动鼠标选择第一行的标题文本，在“开始”/“字体”组中设置字体为“方正兰亭细黑”，字号为“小二”，单击“加粗”按钮 B，在“开始”/“段落”组中单击“居中”按钮，设置标题文本格式，如图 4-8 所示。

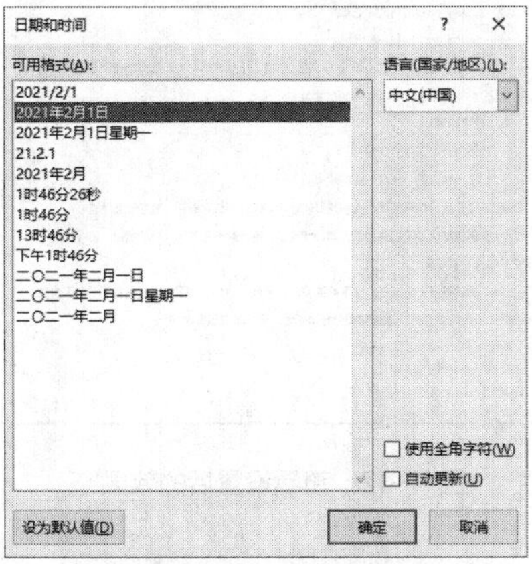

图 4-7　插入日期和时间

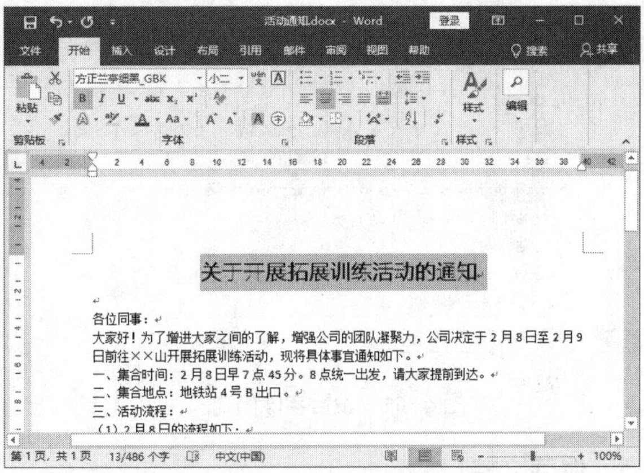

图 4-8　设置标题文本格式

（4）拖动鼠标选择正文文本，即“大家好！……请及时向教官通报。”的文本，单击“开始”/“段落”组右下角的“对话框启动器”图标，打开“段落”对话框，在“缩进”栏的“特殊格式”下拉列表中选择“首行缩进”选项，在其后的“缩进值”数值框中输入“2”，如图 4-9 所示。

（5）单击 确定 按钮返回 Word 2019 工作界面。选择最后两行文本，单击“开始”/“段落”组中的“右对齐”按钮，效果如图 4-10 所示。

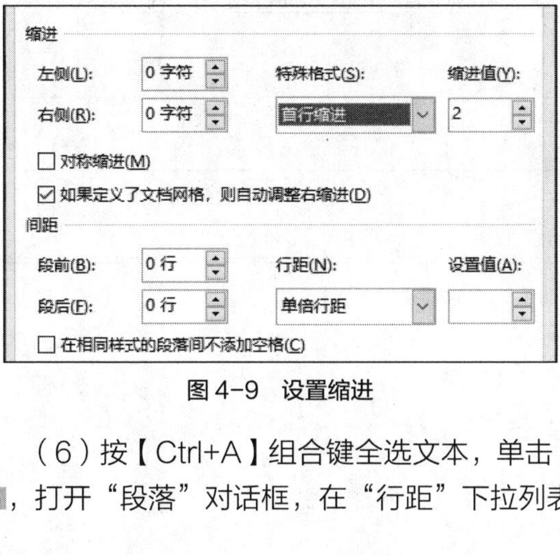

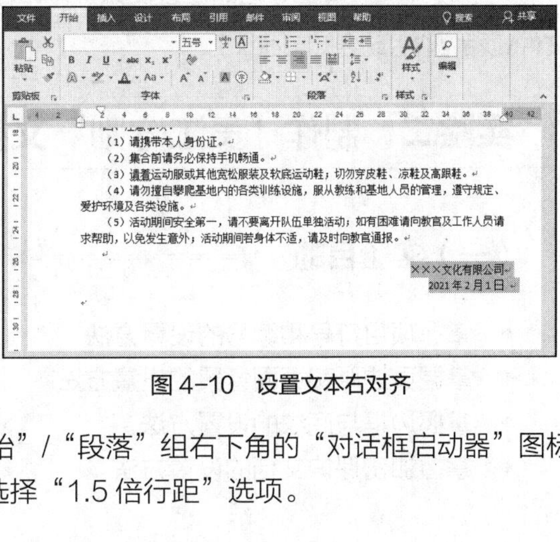

图 4-9　设置缩进　　图 4-10　设置文本右对齐

（6）按【Ctrl+A】组合键全选文本，单击“开始”/“段落”组右下角的“对话框启动器”图标，打开“段落”对话框，在“行距”下拉列表中选择“1.5 倍行距”选项。

（7）单击 确定 按钮返回 Word 2019 工作界面。选择“一、集合时间：”文本，在弹出的浮动工具栏中设置其字体格式为“黑体、加粗”，如图 4-11 所示。

（8）单击“开始”/“剪贴板”组中的“格式刷”按钮，拖动鼠标为“二、集合地点：”“三、活动流程：”“四、注意事项：”设置相同的格式，效果如图 4-12 所示。

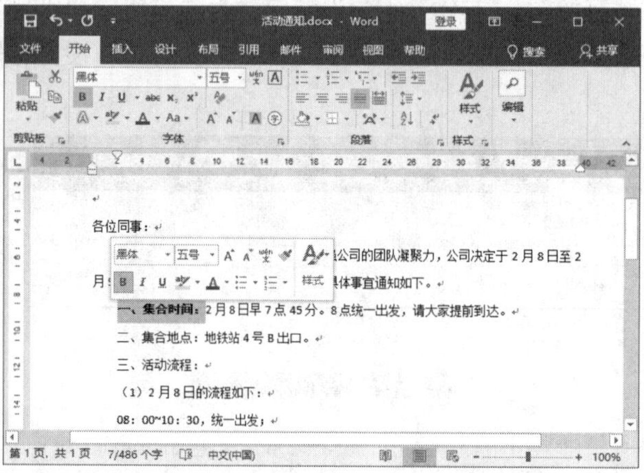

图 4-11　设置字体格式

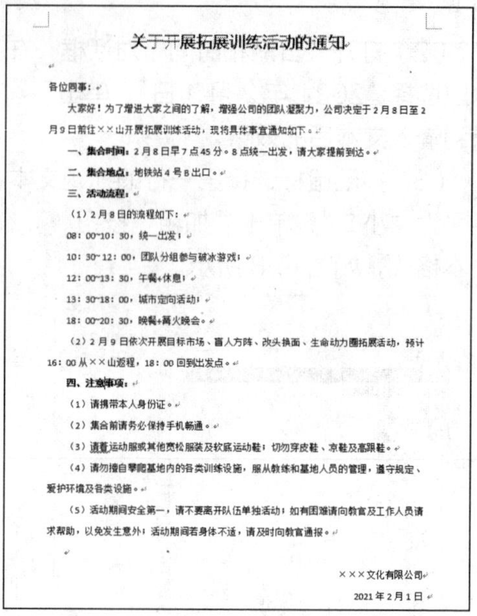

关于开展拓展训练活动的通知

各位同事：

大家好！为了增进大家之间的了解，增强公司的团队凝聚力，公司决定于 2 月 8 日至 2 月 9 日前往××山开展拓展训练活动，现将具体事宜通知如下。

一、集合时间：2 月 8 日早 7 点 45 分。8 点统一出发，请大家提前到达。

二、集合地点：地铁站 4 号 B 出口。

三、活动流程：

（1）2 月 8 日的流程如下：

08：00~10：30，统一出发；

10：30~12：00，团队分组参与破冰游戏；

12：00~13：30，午餐+休息；

13：30~18：00，城市定向活动；

18：00~20：30，晚餐+篝火晚会。

（2）2 月 9 日依次开展目标市场、盲人方阵、改头换面、生命动力圈拓展活动，预计 16：00 从××山返程，18：00 回到出发点。

四、注意事项：

（1）请携带本人身份证。

（2）集合前请务必保持手机畅通。

（3）请着运动服或其他宽松服装及软底运动鞋；切勿穿皮鞋、凉鞋及高跟鞋。

（4）请勿擅自攀爬基地内的各类训练设施，服从教练和基地人员的管理，遵守规定、爱护环境及各类设施。

（5）活动期间安全第一，请不要离开队伍单独活动；如有困难请向教官及工作人员请求帮助，以免发生意外；活动期间若身体不适，请及时向教官通报。

×××文化有限公司

2021 年 2 月 1 日

图 4-12　查看设置后的效果

5. 保存文档

微课：保存文档

（1）选择“文件”/“另存为”命令，打开“另存为”界面。该界面的列表中提供了“最近”“OneDrive-个人”“这台电脑”“添加位置”“浏览”5 种保存方式，默认选择“最近”的保存方式，选择右侧最近使用的文件夹便可打开“另存为”对话框。

（2）在“地址栏”下拉列表中选择文档的保存路径，在“文件名”文本框中设置文件的保存名称，这里保持默认，完成后单击 保存(S) 按钮（配套资源:\效果文件\项目四\活动通知.docx）。

实验二　制作“员工守则”文档

（一）实验目的

- 掌握项目符号和编号的设置方法。
- 掌握页边距和页面背景的设置方法。
- 掌握边框与底纹的设置方法。
- 掌握加密保护文档的设置方法。

（二）实验内容

1. 设置项目符号和编号

微课：设置项目符号和编号

下面将为“员工守则.docx”文档中的文本添加菱形样式的项目符号，并添加阿拉伯数字样式的编号。

（1）打开“员工守则.docx”文档（配套资源:\素材文件\项目四\员工守则.docx），选择“行为要则”和“工作纪律”文本，单击“开始”/“段落”组中的“编号”按钮 旁的下拉按钮 ，在打开的下拉列表中选择“定义新编号格式”选项，如图 4-13 所示。

（2）打开“定义新编号格式”对话框，在“编号样式”下拉列表中选择 “一,二,三（简）...”选项，在“编号格式”文本框中输入“第一条”文本，单击 确定 按钮，如图 4-14 所示。

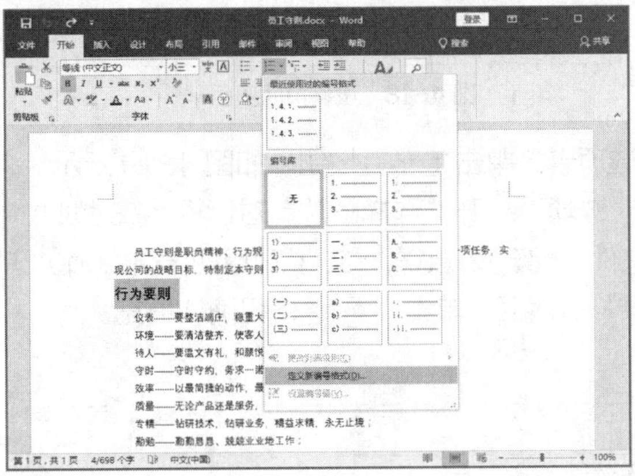

图 4-13　选择“定义新编号格式”选项

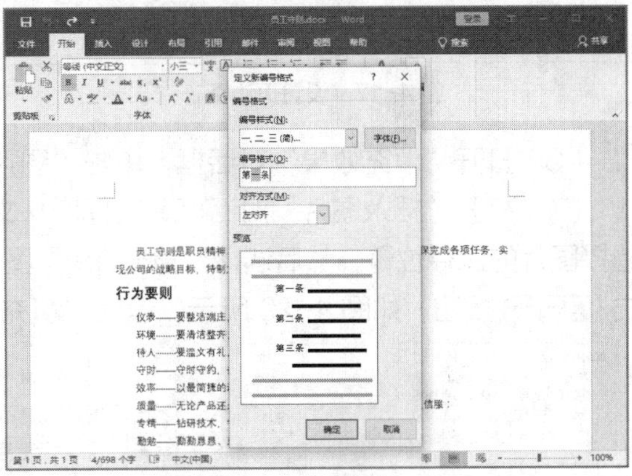

图 4-14　定义新编号格式

（3）选择中间的段落文本，单击“开始”/“段落”组中的“编号”按钮 旁的下拉按钮 ，在打开的下拉列表中的“编号库”栏中选择“编号对齐方式：左对齐”选项，对段落添加编号，如图 4-15 所示。

（4）选择编号“13”，在其上单击鼠标右键，在弹出的快捷菜单中选择“重新开始于 1”命令，如图 4-16 所示，段落将从 1 开始重新编号。

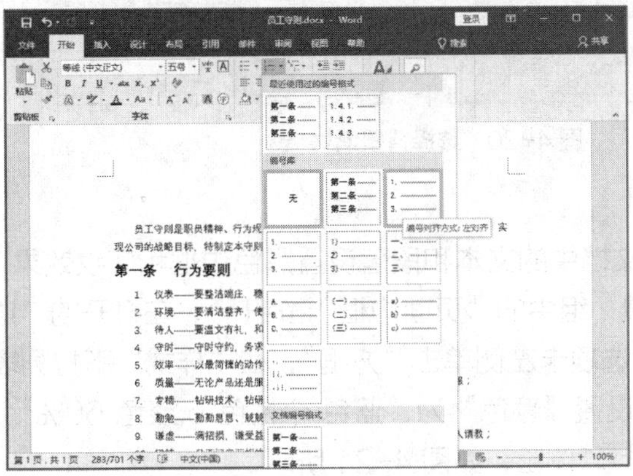

图 4-15　选择编号样式

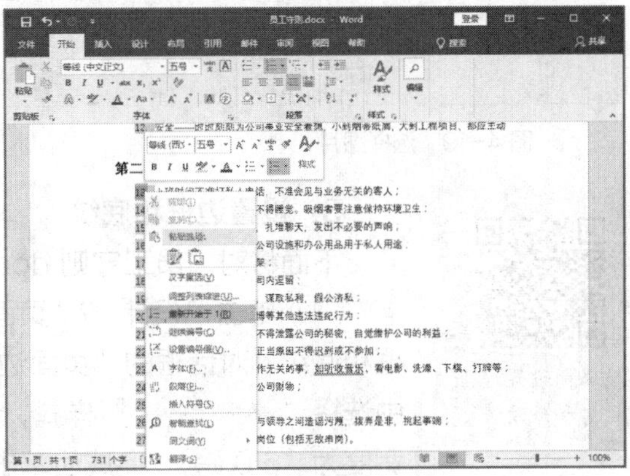

图 4-16　重新开始编号

微课：设置页边距和页面背景

2. 设置页边距和页面背景

下面继续为“员工守则.docx”文档设置页边距、页面背景。

（1）单击“布局”/“页面设置”组中的“页边距”按钮，在打开的下拉列表中选择“窄”选项，如图 4-17 所示。

（2）单击“设计”/“页面背景”组中的“页面颜色”按钮，在打开的下拉列表中选择“填充效果”选项，如图 4-18 所示。

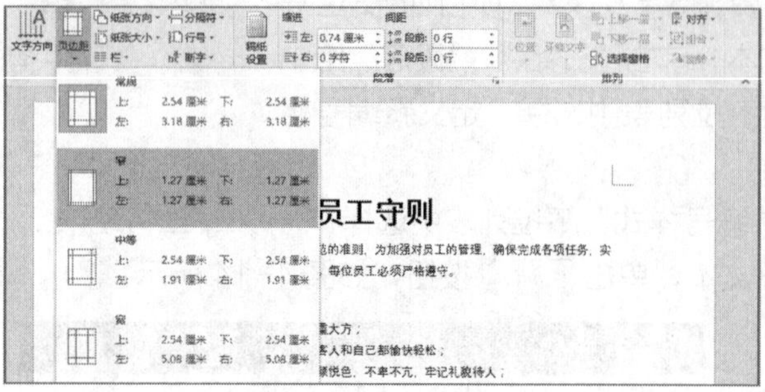

图 4-17 设置页边距

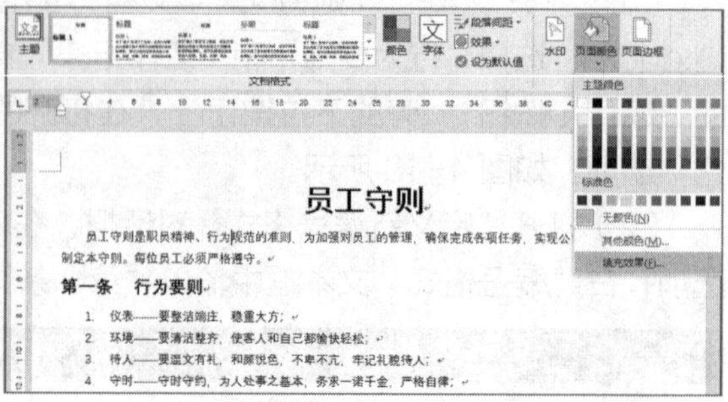

图 4-18 设置页面颜色

（3）打开“填充效果”对话框，单击“图片”选项卡，单击 选择图片(L)... 按钮，如图 4-19 所示。

（4）打开“插入图片”对话框，选择“从文件”选项，打开“选择图片”对话框，在地址栏中选择图片的保存位置，然后选择“背景.jpg”图片文件（配套资源:\素材文件\项目四\背景.jpg），单击 插入(S) 按钮，如图 4-20 所示。返回“填充效果”对话框，单击 确定 按钮确认填充。

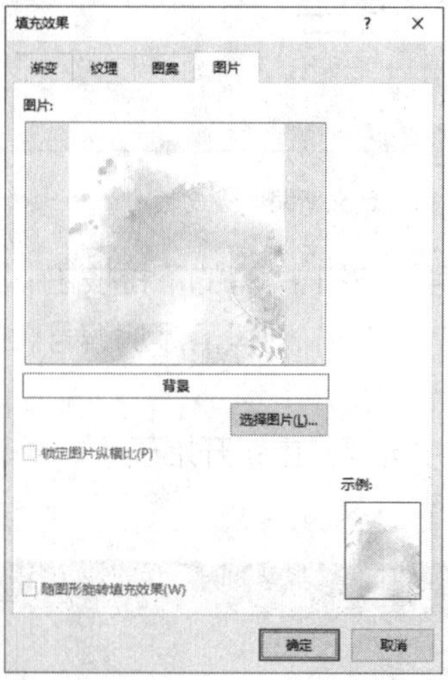

图 4-19 选择图片

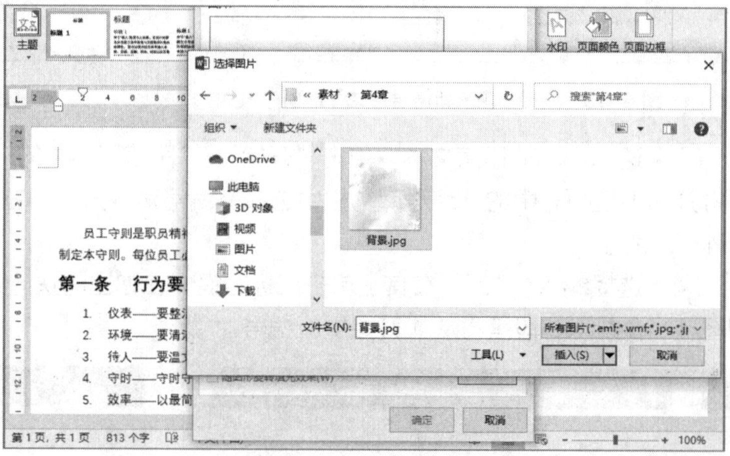

图 4-20 选择背景素材

微课：设置边框和底纹

3. 设置边框和底纹

下面将对“员工守则.docx”文档中的文本和段落设置黑色边框和底纹效果。

（1）单击“设计”/“页面背景”组中的“页面边框”按钮，在打开的“边框和底纹”对话框的“页面边框”选项卡左侧单击“方框”，在“样式”下拉列表中选择“ ”样式，然后设置“颜色”为“蓝色,个性色 5,淡色 60%”，宽度为“6.0 磅”，完成后单击 选项(O)... 按钮，如图 4-21 所示。

（2）单击“页面边框”选项卡中的 选项(O)... 按钮，打开“边框和底纹选项”对话框，设置上、下、左、右的边距均为“0 磅”，单击 确定 按钮，返回“边框和底纹”对话框，单击 确定 按钮。

（3）选择“行为要则”“工作纪律”文本，打开“边框和底纹”对话框，单击“底纹”选项卡，在“填充”下拉列表中选择“灰色,个性色 3,淡色 80%”，单击 确定 按钮，如图 4-22 所示，查看完成后的效果，如图 4-23 所示。

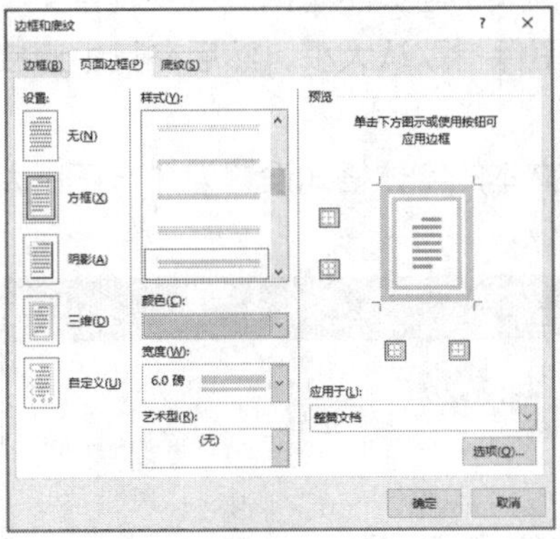

图 4-21 设置页面边框

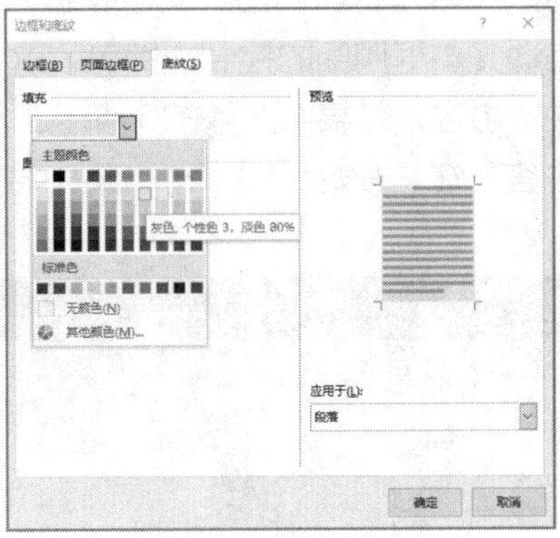

图 4-22 设置底纹

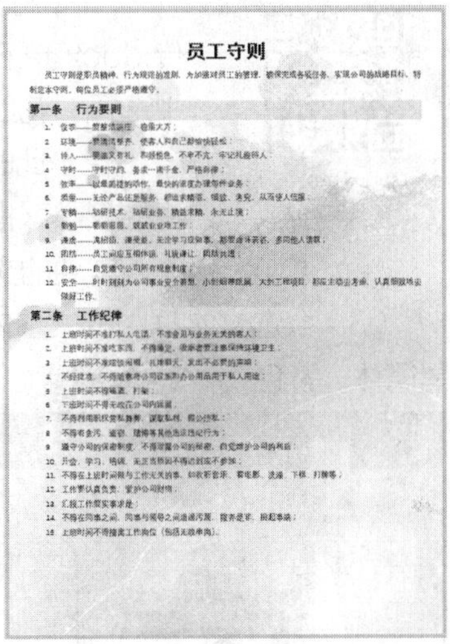
员工守则

第一条 行为要则

第二条 工作纪律

图 4-23 完成后的效果

4. 保护文档

下面为“员工守则.docx”文档设置加密保护，将密码设置为“123456”。

（1）选择“文件”/“信息”命令，在打开界面中间位置单击“保护文档”按钮，在打开的下拉列表中选择“用密码进行加密”选项。

（2）在打开的“加密文档”对话框的“密码”文本框中输入密码“123456”，单击 确定 按钮。在打开的“确认密码”对话框的“重新输入密码”文本框中再次输入密码“123456”，单击 确定 按钮。

微课：保护文档

（3）单击←按钮返回工作界面，在快速访问工具栏中单击“保存”按钮保存设置。关闭该文档，再次打开该文档时，将打开“密码”对话框，在文本框中输入密码，然后单击 确定 按钮，即可打开文档（配套资源:\效果文件\项目四\员工守则.docx）。

实验三 制作“产品宣传”文档

（一）实验目的

- 熟悉文本框的插入与编辑操作。
- 掌握在 Word 文档中插入图片和艺术字的操作。
- 了解在 Word 文档中插入 SmartArt 图形的操作。
- 了解在 Word 文档中添加封面的操作。

（二）实验内容

1. 插入并编辑文本框

下面将在“产品宣传.docx”文档中插入“花丝提要栏”文本框。

微课：插入并编辑文本框

（1）打开“产品宣传.docx”文档（配套资源:\素材文件\项目四\产品宣传.docx），在“插入”/“文本”组中单击“文本框”按钮，在打开的下拉列表中选择“花丝提要栏”选项，如图 4-24 所示。

（2）此时，文本框将自动插入文档底部，其大小与页面同宽。若要调整文本框的大小，拖动文本框周围的控制点即可。这里保持默认大小，然后在其中直接输入需要的文本内容，效果如图 4-25 所示。

（3）全选文本框中的文本内容，在“开始”/“字体”组中将文本的字体格式设置为“方正正大黑简体、紫色”。

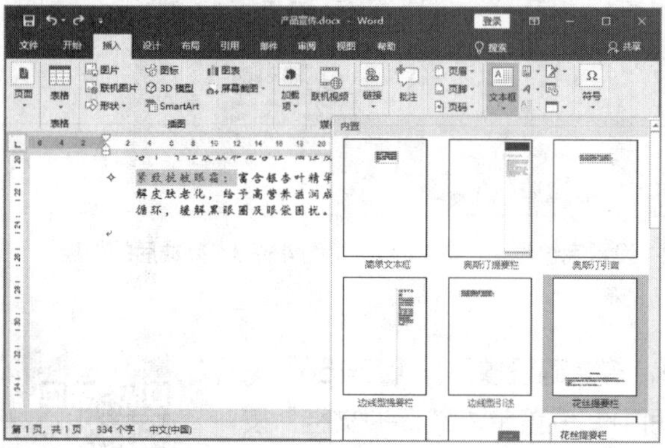

图 4-24　选择插入的文本框类型

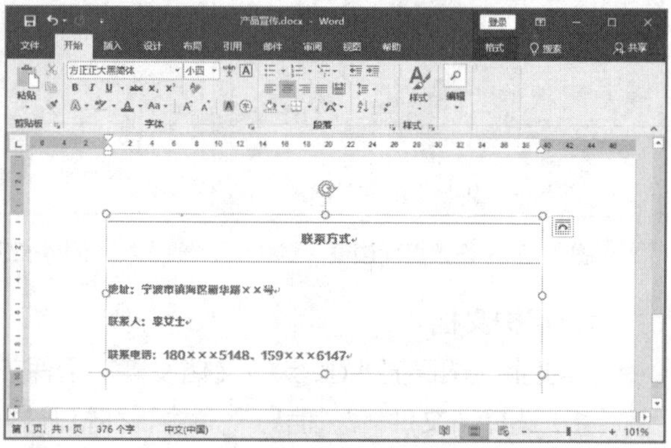

图 4-25　输入文本

2. 插入图片

微课：插入图片

下面继续在“产品宣传.docx”文档中插入图片，并调整图片大小和文字环绕方式。

（1）将文本插入点定位到介绍爽肤水产品的段落的末尾，在“插入”/“插图”组中单击“图片”按钮，在打开的下拉列表中选择“此设备”选项。

（2）打开“插入图片”对话框，在“地址栏”中选择图片的保存位置，在窗口工作区中选择要插入的图片，这里选择“化妆品”图片（配套资源:\素材文件\项目四\化妆品.jpg），单击 插入(S) 按钮。

（3）插入图片默认为选择状态，在“图片工具-格式”/“大小”组中的“高度”数值框中输入“8 厘米”，然后按【Enter】键。

（4）在“图片工具-格式”/“图片样式”组中的“样式”下拉列表中选择“旋转,白色”，如图 4-26 所示。

（5）选中插入的图片，在“格式”/“排列”组中单击“环绕文字”按钮，在打开的下拉列表中选择“紧密型环绕”选项，如图 4-27 所示。

（6）选择插入的图片，将鼠标指针移至图片上，当鼠标指针变为形状时按住鼠标左键不放，向页面右侧拖动图片至目标位置后再释放鼠标，调整插入图片的位置。

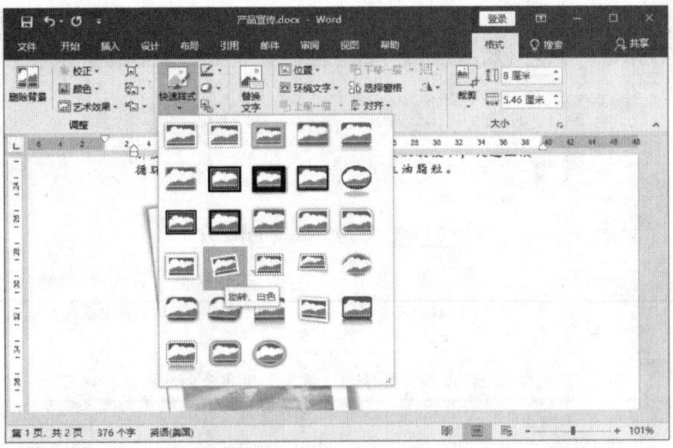

图 4-26　选择图片样式

图 4-27　设置环绕文字效果

3. 插入艺术字

下面在“产品宣传.docx”文档中插入艺术字。

（1）将文本插入点定位到第一个项目符号上方的中间位置，然后在“插入”/“文本”组中单击“艺术字”按钮，在打开的下拉列表中选择“渐变填充：水绿色，主题色 5；映像”选项。

微课：插入艺术字

（2）此时文档中将自动添加一个带有默认文本样式的艺术字文本框，输入“——来自浪漫之都的关怀”文本，如图 4-28 所示。

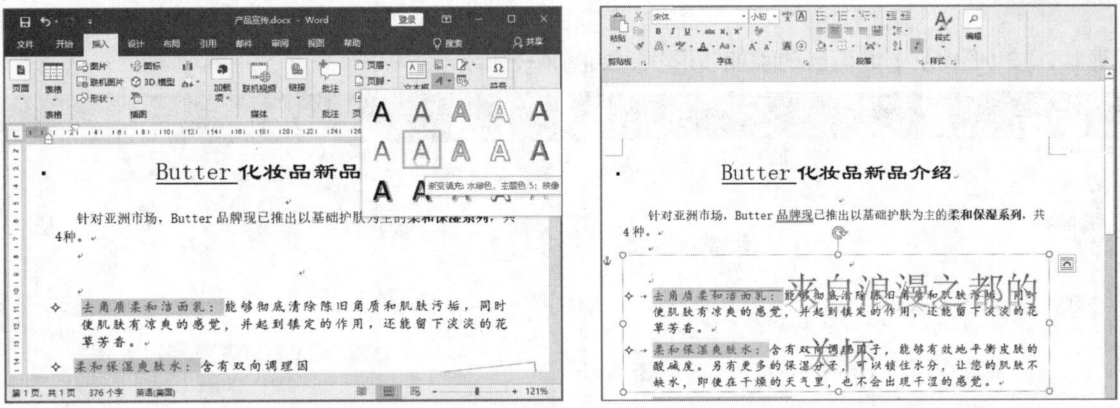

图 4-28　插入艺术字

（3）选择艺术字文本框，单击右上角显示的“布局选项”按钮，在打开的“布局选项”窗格中选择“文字环绕”栏中的“上下型环绕”选项。

（4）关闭“布局选项”窗格，在“绘图工具-格式”/“艺术字样式”组中单击“文本效果”按钮，在打开的下拉列表中选择“阴影”选项，再在打开的子列表中选择“偏移：右上”选项，如图 4-29 所示。

（5）选择艺术字文本框中的文本，在“开始”/“字体”组中设置“字体”为“方正卡通简体”，设置字号为“三号”，字体颜色为“紫色”，然后将艺术字文本框移动到标题下方，并调整其位置。返回文档即可查看设置后的艺术字效果，如图 4-30 所示。

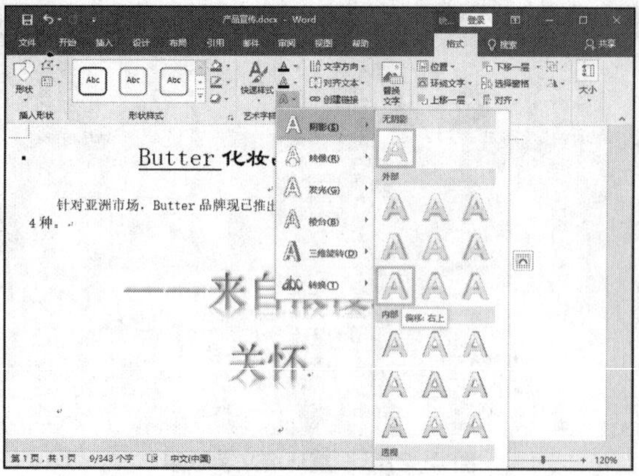

图 4-29　添加阴影效果

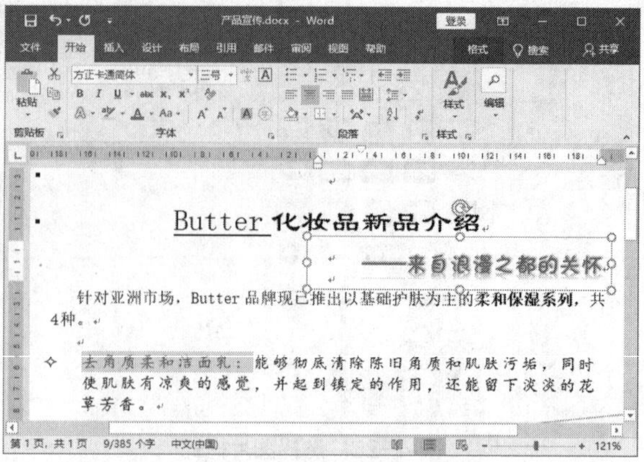

图 4-30　更改艺术字文本效果

4. 插入 SmartArt 图形

微课：插入 SmartArt 图形

下面介绍在“产品宣传.docx”文档中插入 SmartArt 图形的方法。

（1）将文本插入点定位至“联系方式”文本框上方起始位置，在“插入”/“插图”组中单击“SmartArt”按钮，在打开的“选择 SmartArt 图形”对话框中单击“流程”选项卡，在右侧选择“基本 V 形流程”选项，单击 确定 按钮。

（2）插入 SmartArt 图形后，单击 SmartArt 图形外框左侧的 按钮，打开“在此处键入文字”窗格，在项目符号后输入文本。由于产品有 4 种，所以需要添加形状，按【Enter】键可自动添加新形状，如图 4-31 所示。

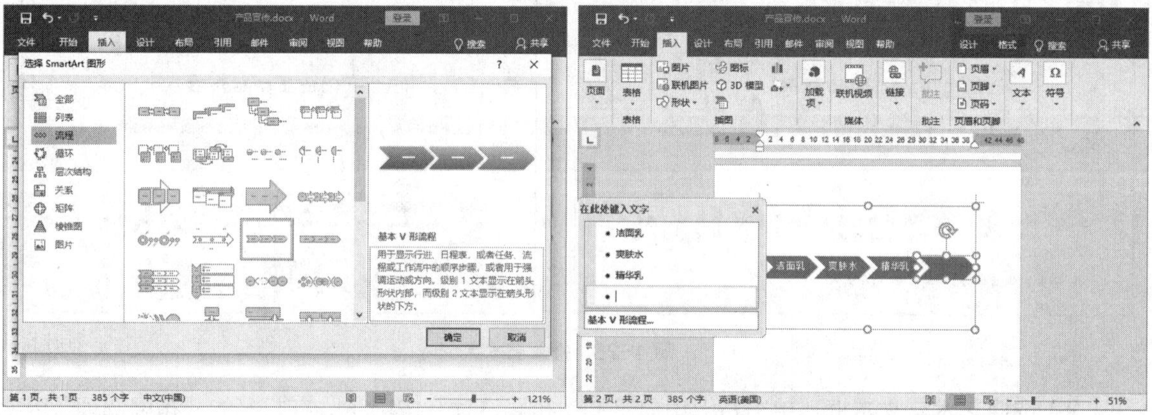

图 4-31　添加形状

（3）在“在此处键入文字”窗格中新增加的项目符号后输入“眼霜”文本，单击其右上角的 按钮关闭该窗格。

（4）选择插入的 SmartArt 图形。在“SmartArt 工具-设计”/“SmartArt 样式”组的“样式”下拉列表中选择“简单填充”选项，即可快速应用图形样式，效果如图 4-32 所示。

（5）单击“SmartArt 工具-设计”/“SmartArt 样式”组的“更改颜色”按钮，在打开的下拉列表中选择“渐变范围-个性色 4”选项，即可快速更改颜色。

（6）在“SmartArt 工具-格式”/“排列”组中，单击“环绕文字”按钮，在打开的下拉列表中选择“衬于文字下方”选项，然后调整 SmartArt 图形位置。

（7）选择 SmartArt 图形中的文本，在“开始”/“字体”组中，设置字体为“汉仪中隶书简”，然后单击“文本效果和版本”按钮 ，在打开的下拉列表中选择“阴影”选项，然后在“外部”栏中选择“偏移：右下”选项，如图 4-33 所示。

图 4-32　插入 SmartArt 图形

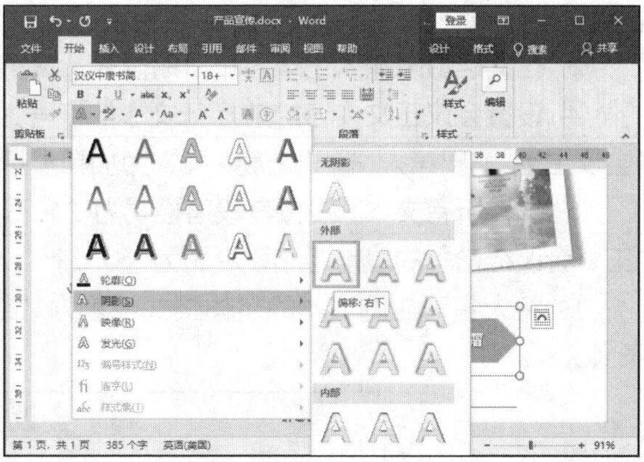

图 4-33　设置文本阴影

5. 添加封面

下面将为“产品宣传.docx”文档添加一个样式为“花丝”的封面。

（1）在“插入”/“页面”组中单击“封面”按钮 ，在打开的下拉列表中选择“花丝”选项，如图 4-34 所示。

（2）在“键入文档标题”文本框处单击，输入“新品介绍”文本，在“键入文档副标题”处输入“柔和保湿系列”文本，如图 4-35 所示。

微课：添加封面

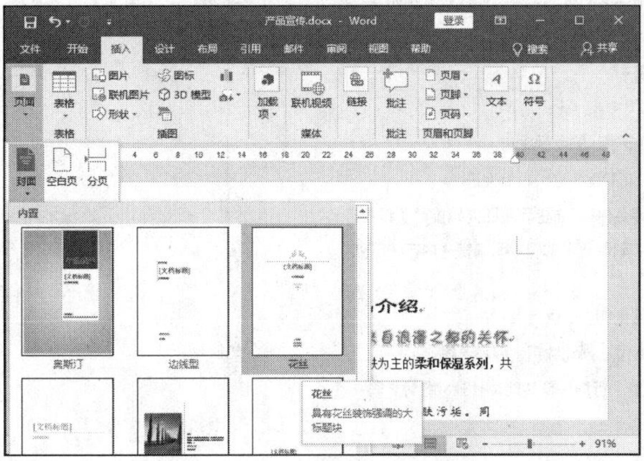

图 4-34　选择“花丝”选项

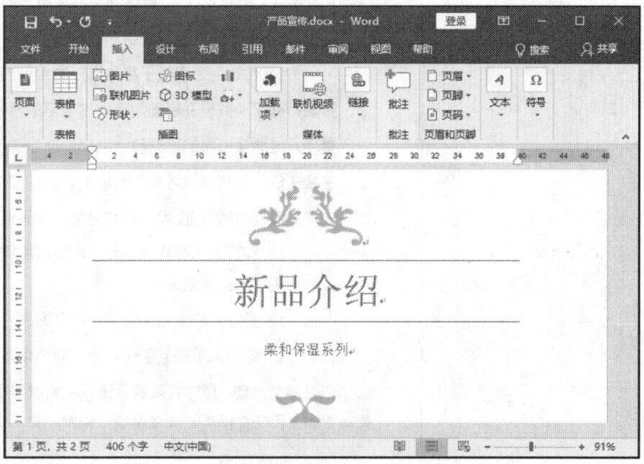

图 4-35　输入标题和副标题

（3）选择页面底部的“日期”文本框，按【Delete】键将其删除（配套资源:\效果文件\项目四\产品宣传.docx）。

综合实践

（1）按照下列要求制作“会议记录”文档，参考效果如图 4-36 所示。

① 新建一个空白 Word 文档，并以“会议记录.docx”为名进行保存。然后输入文档标题“会

议记录”，设置其字体格式为“黑体、20 号、加粗、居中对齐”。

② 打开提供的“会议记录.txt”素材文档（配套资源:\素材文件\项目四\会议记录.txt），复制并粘贴所有内容到“会议记录.docx”文档中。然后设置其字体格式为“宋体、五号”，并对部分内容设置“首行缩进”。

③ 在文档最末输入记录人和日期信息，设置其对齐方式为“右对齐”。

④ 设置会议正文内容的前 6 行文本的字号为“小四”，并设置“会议主题”“会议时间”“地点”“会议主持”“出席人员”“缺席人员”为加粗显示。

⑤ 选择所有文本，设置其段落格式为“1.2 倍行距”，并设置“一、会议议题”“二、会议发言”“三、会议结论”的段前距和段后距为“0.5 行”。

⑥ 将人名对应的文本的字体格式设置为“红色、加粗”（配套资源:\效果文件\项目四\会议记录.docx）。

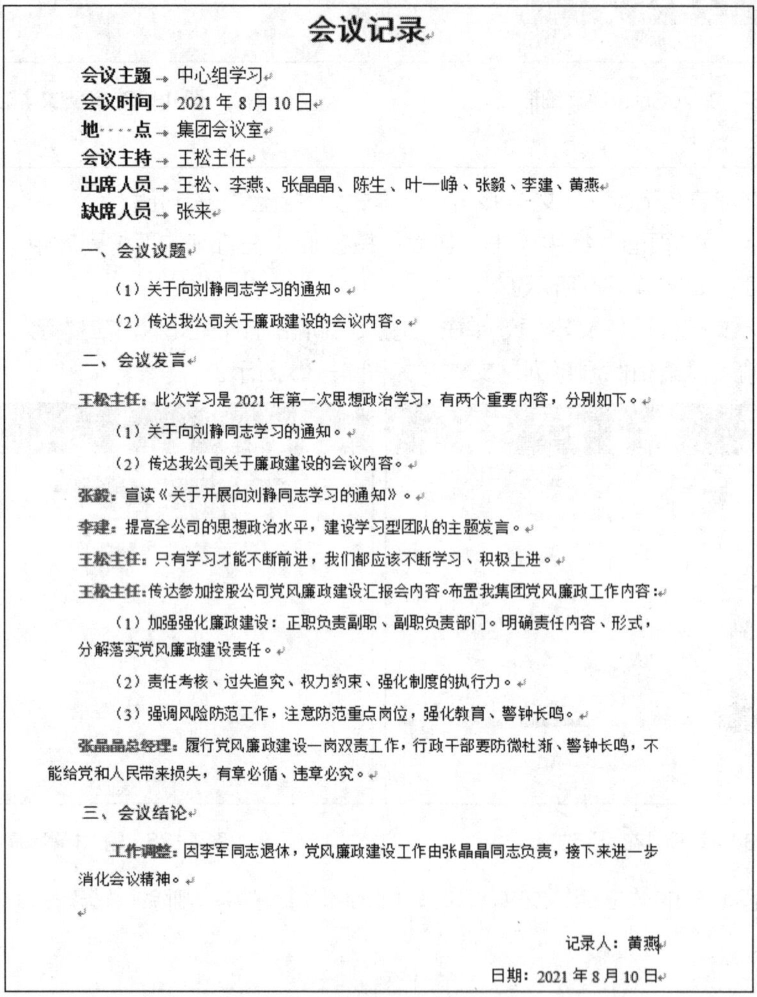

会议记录

会议主题 中心组学习
会议时间 2021 年 8 月 10 日
地　　点 集团会议室
会议主持 王松主任
出席人员 王松、李燕、张晶晶、陈生、叶一峥、张毅、李建、黄燕
缺席人员 张来

一、会议议题

（1）关于向刘静同志学习的通知。

（2）传达我公司关于廉政建设的会议内容。

二、会议发言

王松主任：此次学习是 2021 年第一次思想政治学习，有两个重要内容，分别如下。

（1）关于向刘静同志学习的通知。

（2）传达我公司关于廉政建设的会议内容。

张毅：宣读《关于开展向刘静同志学习的通知》。

李建：提高全公司的思想政治水平，建设学习型团队的主题发言。

王松主任：只有学习才能不断前进，我们都应该不断学习、积极上进。

王松主任：传达参加控股公司党风廉政建设汇报会内容。布置我集团党风廉政工作内容：

（1）加强强化廉政建设：正职负责副职、副职负责部门。明确责任内容、形式，分解落实党风廉政建设责任。

（2）责任考核、过失追究、权力约束、强化制度的执行力。

（3）强调风险防范工作，注意防范重点岗位，强化教育、警钟长鸣。

张晶晶总经理：履行党风廉政建设一岗双责工作，行政干部要防微杜渐、警钟长鸣，不能给党和人民带来损失，有章必循、违章必究。

三、会议结论

工作调整：因李军同志退休，党风廉政建设工作由张晶晶同志负责，接下来进一步消化会议精神。

记录人：黄燕

日期：2021 年 8 月 10 日

图 4-36 “会议记录”文档

（2）按照下列要求对“通知.docx”文档进行操作，参考效果如图 4-37 所示。

① 打开“通知”文档（配套资源:\素材文件\项目四\通知.docx），将文档中的“电脑”文本替换为“计算机”，再将通知发布时间更正为“2021 年 7 月 18 日”。

② 设置标题文本的字体格式为“三号、红色”，段落对齐方式为“居中”，正文内容的字号为“四号”，“考试内容：”文本下方 3 段文本的段落缩进方式为“悬挂缩进、0.74 厘米”，再设置最后两行的段落对齐方式为“右对齐”。

③ 为相应的文本内容添加图 4-37 所示的项目符号，然后为“考试内容：”文本下方的 3 段文本添加图 4-37 所示的编号。

④ 选择“2021 年 8 月 7 日（星期五）下午 16：00”文本，在“开始”/“字体”组中将文字颜色设置为“红色”，并添加底纹，为“请各位店长和组长务必准时参加！”文本添加红色的双下画线效果（配套资源:\效果文件\项目四\通知.docx）。

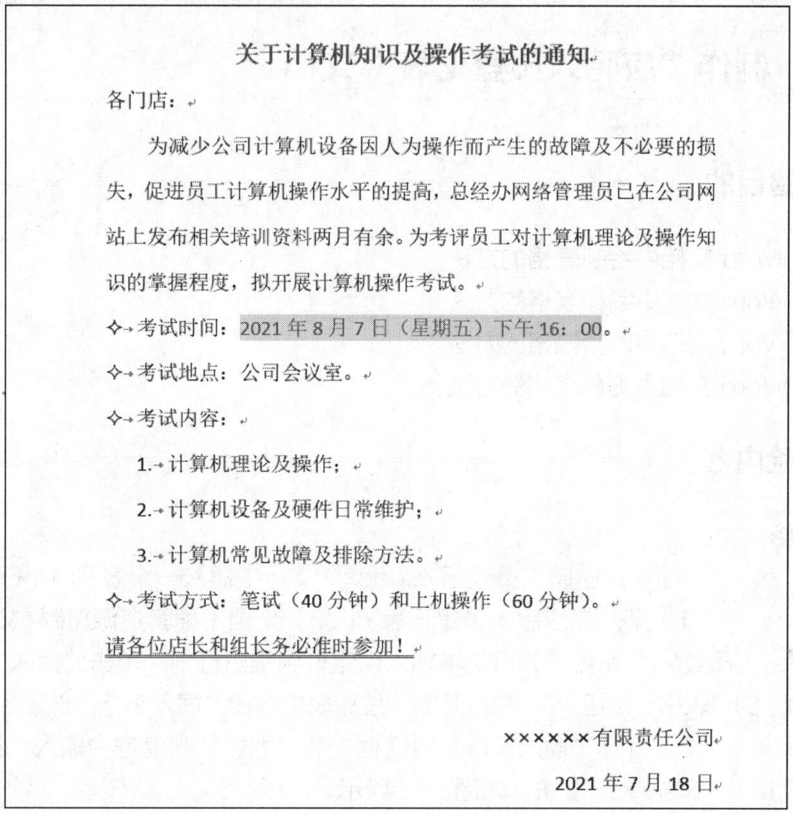

关于计算机知识及操作考试的通知

各门店：

为减少公司计算机设备因人为操作而产生的故障及不必要的损失，促进员工计算机操作水平的提高，总经办网络管理员已在公司网站上发布相关培训资料两月有余。为考评员工对计算机理论及操作知识的掌握程度，拟开展计算机操作考试。

✧ 考试时间：2021 年 8 月 7 日（星期五）下午 16：00。

✧ 考试地点：公司会议室。

✧ 考试内容：

1. 计算机理论及操作；

2. 计算机设备及硬件日常维护；

3. 计算机常见故障及排除方法。

✧ 考试方式：笔试（40 分钟）和上机操作（60 分钟）。

请各位店长和组长务必准时参加！

××××××有限责任公司

2021 年 7 月 18 日

图 4-37 “通知”文档

项目五 排版文档

05

实验一 制作“应聘人员登记表”文档

（一）实验目的

- 掌握在 Word 文档中绘制表格的方法。
- 掌握在 Word 文档中编辑表格的方法。
- 掌握在 Word 文档中调整表格的方法。
- 掌握在 Word 文档中美化表格的方法。

（二）实验内容

1. 绘制表格

微课：绘制表格

下面在“应聘人员登记表.docx”文档中插入一个 8 列 14 行的表格。

（1）打开“应聘人员登记表.docx”文档（配套资源:\素材文件\项目五\应聘人员登记表.docx），将文本插入点定位到空白行中，单击“插入”/“表格”组中的“表格”按钮，在打开的下拉列表中选择“插入表格”选项，如图 5-1 所示。

（2）打开“插入表格”对话框，在“列数”数值框中输入“8”，在“行数”数值框中输入“14”，单击 确定 按钮，如图 5-2 所示。

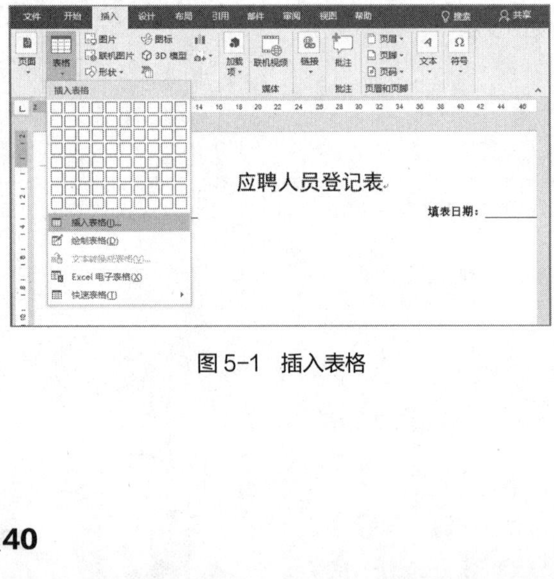

图 5-1 插入表格

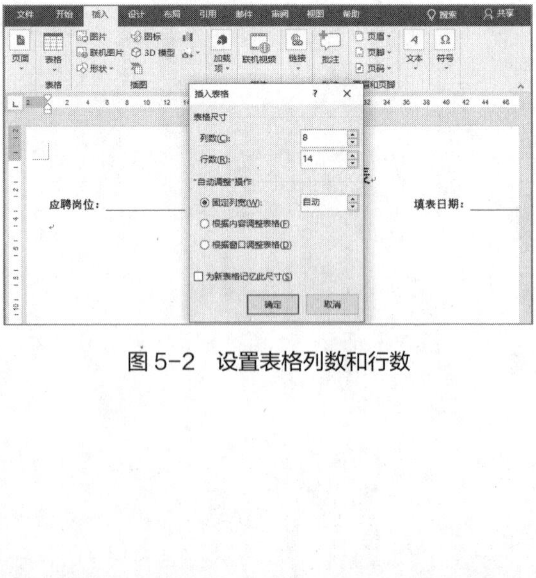

图 5-2 设置表格列数和行数

2. 编辑表格

下面为“应聘人员登记表.docx”文档的表格输入文本内容，并编辑表格。

微课：编辑表格

（1）在表格中输入相应的文本内容。

（2）将文本插入点定位在“自我评价”所在行的任意单元格中，单击“表格工具-布局”/“行和列”组中的“在下方插入”按钮，如图 5-3 所示。

（3）“自我评价”行下方将自动插入一行，在单元格中输入相应的文字内容。

（4）在“兴趣爱好”所在行中选择需要合并的多个连续单元格，单击“表格工具-布局”/“合并”组中的“合并单元格”按钮，如图 5-4 所示，选择的多个单元格将合并为一个单元格。

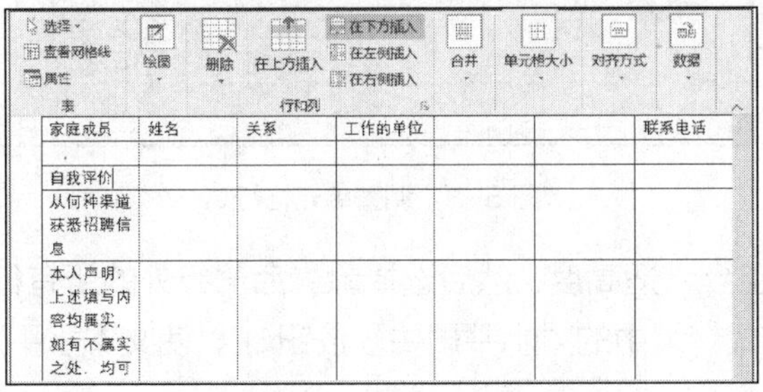

图 5-3　插入单元格

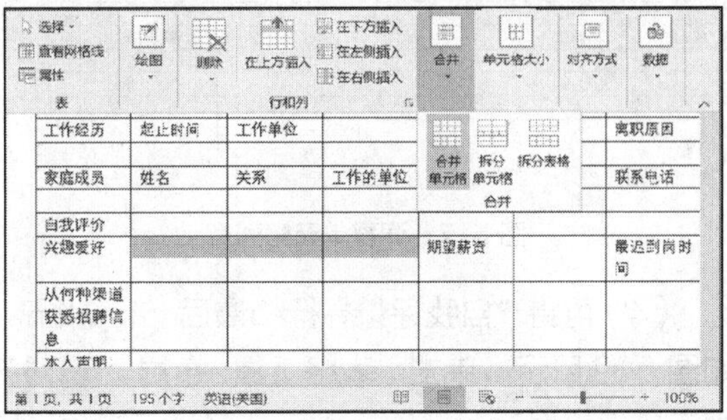

图 5-4　合并单元格

（5）使用相同的方法继续对表格中其他需要合并的单元格进行合并操作。

（6）选择需要拆分的多个连续的单元格，单击“表格工具-布局”/“合并”组中的“拆分单元格”按钮，如图 5-5 所示。

（7）打开“拆分单元格”对话框，在“列数”数值框中输入“5”，在“行数”数值框中输入“4”，单击 确定 按钮，如图 5-6 所示，选择的多个单元格将拆分为 5 列 4 行。

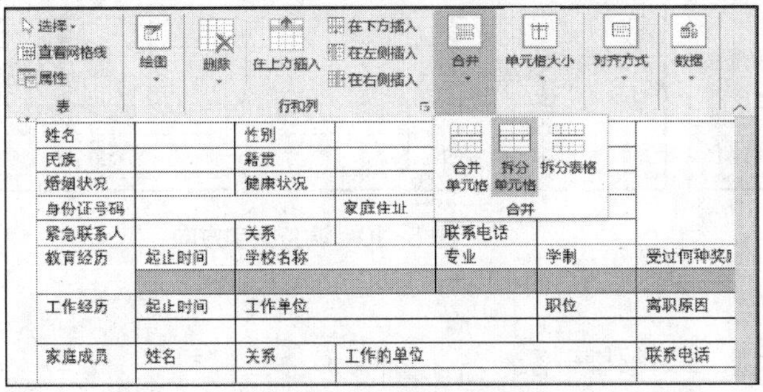

图 5-5　拆分单元格

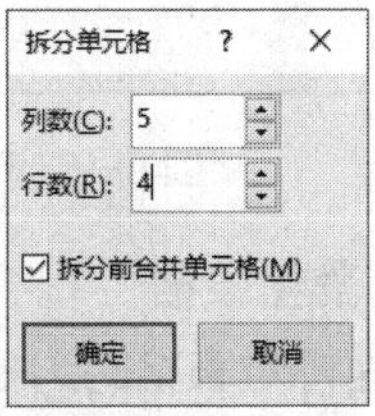

图 5-6　拆分单元格对话框

（8）使用相同的方法对“工作经历”和“家庭成员”相关单元格进行拆分。

3. 调整表格

完成表格的编辑后，还需要对表格进行调整，使整个表格更加美观。

微课：调整表格

（1）选择需要调整列宽的单元格，将鼠标指针移动到对应的栏线上，当鼠标指针变成形状时，按住鼠标左键不放，向右拖动，调整单元格列宽，如图 5-7 所示。

（2）使用相同的方法对表格中其他单元格的列宽进行调整。需要注意的是，在对某个单元格的列宽进行调整时，可先选择该单元格，再拖动鼠标调整，这样就不会影响其他单元格的列宽。

（3）选择表格除“自我评价”行和最后一行外的其他行，在“表格工具-布局”/“单元格大小”组的“高度”数值框中输入“0.7 厘米”，以调整单元格行高，如图 5-8 所示。

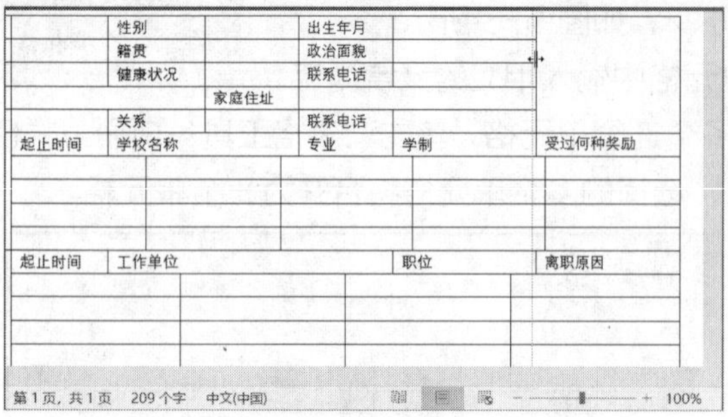

图 5-7　调整单元格列宽

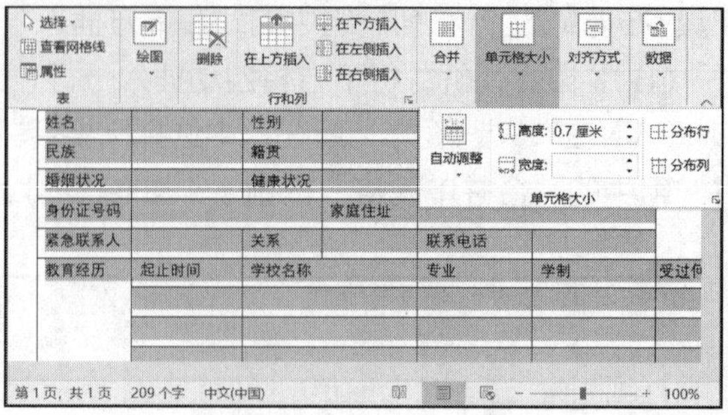

图 5-8　调整单元格行高

（4）再将“自我评价”行和最后一行的行高调整到合适高度。然后选择除最后一行外的所有行，如图 5-9 所示，单击“表格工具-布局”/“对齐方式”组中的“水平居中”按钮，使文本水平居中于单元格显示。

（5）选择“教育经历”“工作经历”“家庭成员”“自我评价”单元格，单击“对齐方式”组中的“文字方向”按钮，如图 5-10 所示，单元格中的文本将以竖排显示。

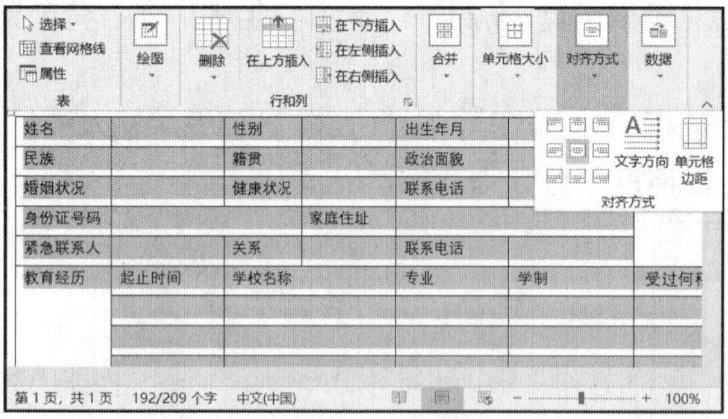

图 5-9　调整对齐方式

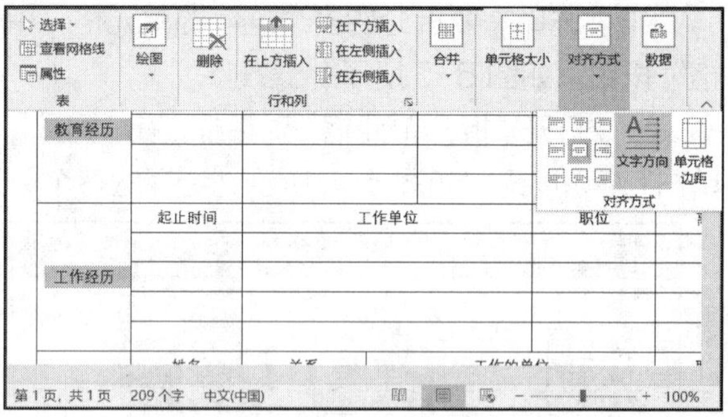

图 5-10　调整文字方向

4. 美化表格

下面将对表格的边框和填充颜色进行设置，以美化表格。

微课：美化表格

（1）选择整个表格，在“表格工具-设计”/“边框”组中单击“边框”按钮，在打开的下拉列表中选择“边框和底纹”选项，如图 5-11 所示。

（2）打开“边框和底纹”对话框，在“设置”栏中选择“全部”选项，在“样式”列表框中选择“单实线”选项，设置宽度为“1.0 磅”，如图 5-12 所示，单击 确定 按钮，完成表格边框设置。

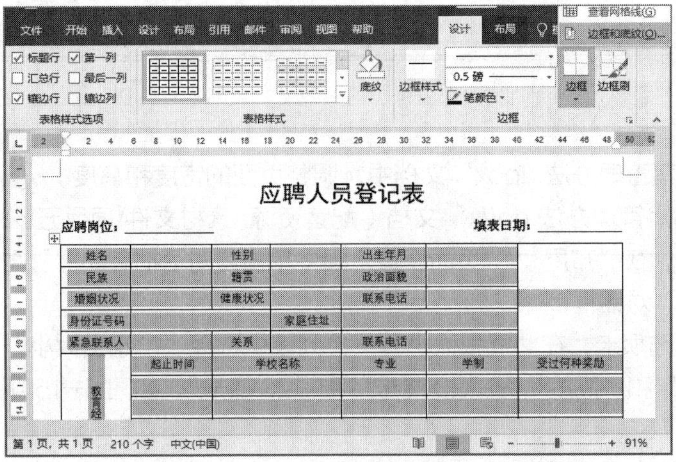

图 5-11　设置表格边框

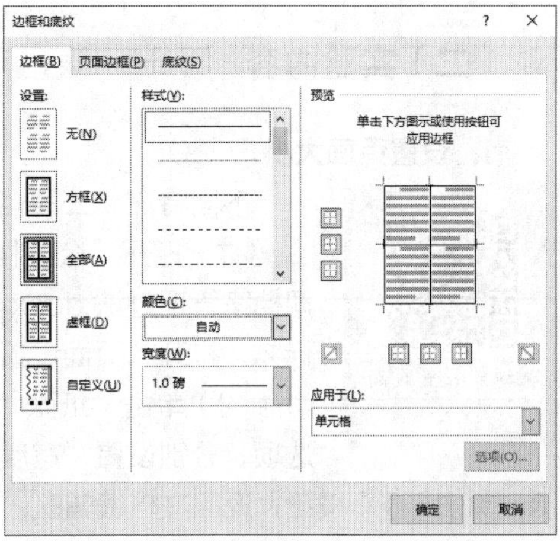

图 5-12　设置边框

（3）在“表格工具-设计”/“表格样式”组中单击右侧的下拉按钮，在打开的下拉列表中选择“普通表格”栏中的“无格式表格 1”，如图 5-13 所示，完成表格样式的设置，效果如图 5-14 所示。

（4）完成后保存文档（配套资源:\效果文件\项目五\应聘人员登记表.docx）。

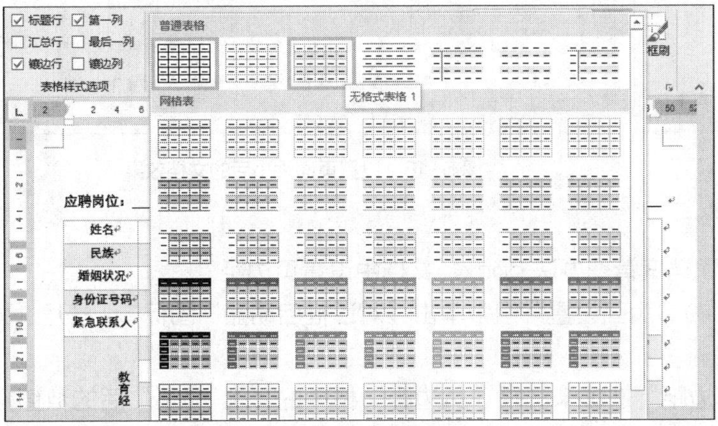

图 5-13　设置表格样式

图 5-14　设置后的效果

实验二　制作“公司档案管理办法”文档

（一）实验目的

- 掌握设置页面大小、页边距的操作方法。
- 熟悉套用内置样式的操作方法。
- 掌握创建样式和修改样式的操作方法。
- 掌握新建模板的操作方法。

（二）实验内容

1. 设置页面大小

微课：设置页面大小

下面将在“公司档案管理办法.docx”文档中，调整页面的宽度和高度。

（1）打开“公司档案管理办法.docx”文档（配套资源:\素材文件\项目五\公司档案管理办法.docx），在“布局”/“页面设置”组中单击“对话框启动器”图标，打开“页面设置”对话框。

（2）单击“纸张”选项卡，在“纸张大小”下拉列表中选择“自定义大小”选项，分别设置“宽度”和“高度”为“20 厘米”和“28 厘米”，如图 5-15 所示，单击 确定 按钮，返回文档编辑区。

（3）设置页面大小后的文档效果如图 5-16 所示。

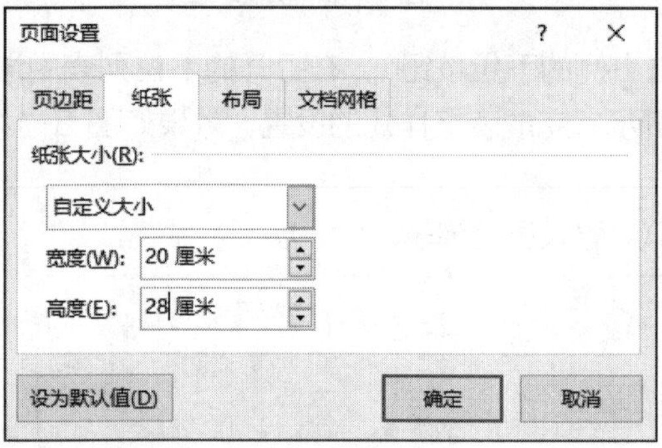

图 5-15　设置页面大小

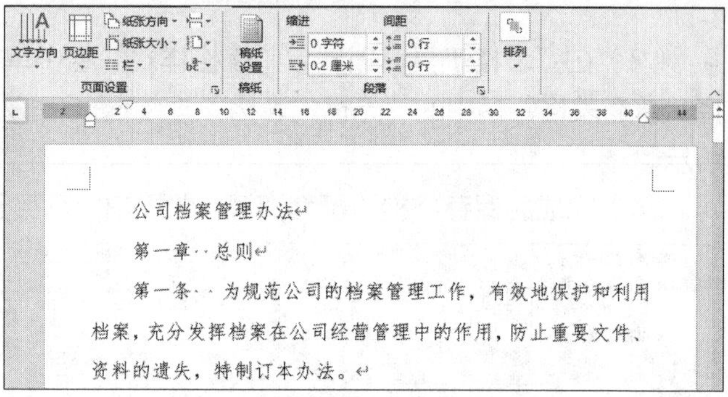

图 5-16　设置页面大小后的文档效果

2. 设置页边距

微课：设置页边距

下面将在“公司档案管理办法.docx”文档中设置页边距。

（1）在“布局”/“页面设置”组中单击“对话框启动器”图标，打开“页面设置”对话框。

（2）单击“页边距”选项卡，在“页边距”栏中的“上”“下”后的数值框中分别输入“1.6 厘米”，在“左”“右”后的数值框中分别输入“1.5 厘米”，如图 5-17 所示，单击 确定 按钮，可返回文档编辑区。

（3）设置页边距后的文档效果如图 5-18 所示。

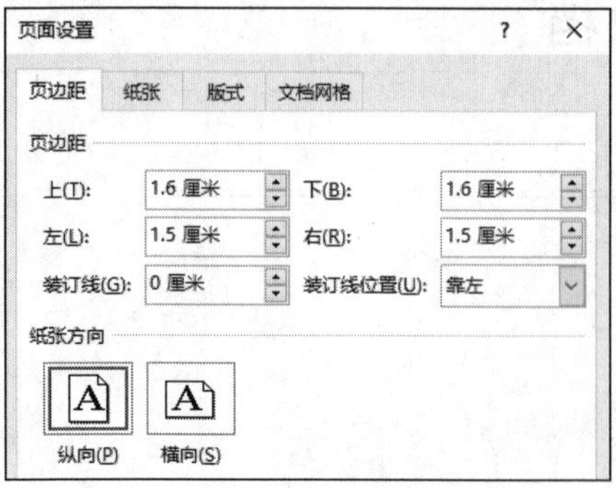

图 5-17　设置页边距

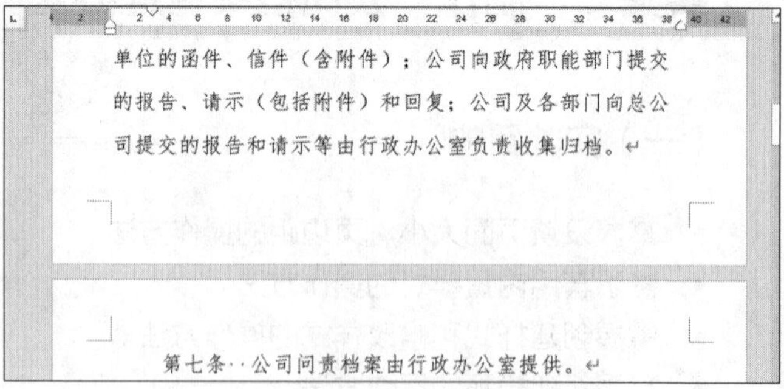

图 5-18　设置页边距后的文档效果

3. 套用内置样式

下面将在“公司档案管理办法.docx”文档中套用Word 2019自带的样式。

（1）将文本插入点定位到标题“公司档案管理办法”文本中，在“开始”/“样式”组的下拉列表中选择“标题”选项，如图5-19所示。

（2）返回文档编辑区，可查看设置标题样式后的文档效果。

（3）按照相同的操作方法，对每一章的章名套用“样式”下拉列表中的“副标题”样式，效果如图5-20所示。

微课：套用内置样式

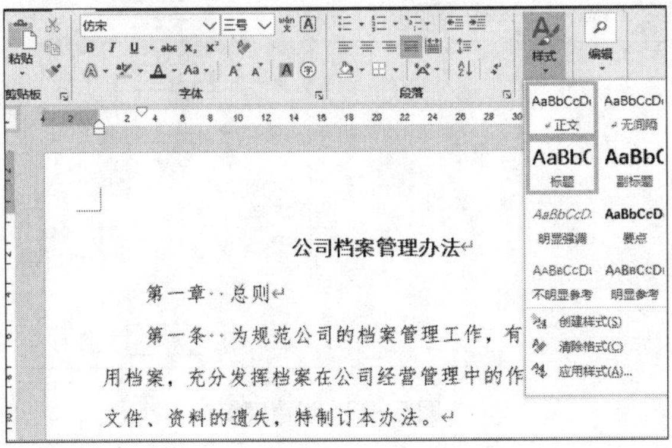

图5-19　套用“标题”样式

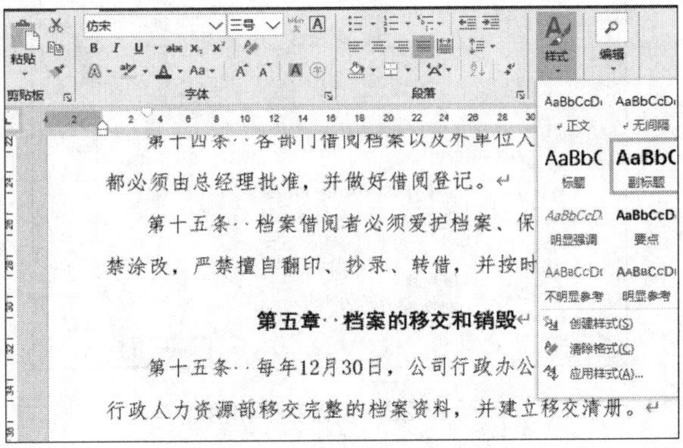

图5-20　套用“副标题”样式

4. 创建样式

下面将在“公司档案管理办法.docx”文档中创建样式。

（1）将文本插入点定位到文档的第二段文本中，在“开始”/“样式”组中单击“对话框启动器”图标。

（2）打开“样式”窗格，单击“新建样式”按钮，如图5-21所示。

（3）在打开的“根据格式化创建新样式”对话框的“名称”文本框中输入“章名样式”文本，在“格式”栏中将字体格式设置为“方正书宋简体、四号”，单击 格式(O) 按钮，如图5-22所示，在打开的下拉列表中选择“段落”选项。

（4）打开“段落”对话框，在“间距”栏的“段前”和“段后”数值框中输入“3磅”；在“行距”的下拉列表中选择“多倍行距”选项，并在其右侧的数值框中输入“1.25”，最后单击 确定 按钮。

（5）返回到“根据格式化创建新样式”对话框，再次单击 格式(O) 按钮，在打开的下拉列表中选择“边框”选项。

（6）打开“边框和底纹”对话框，单击“底纹”选项卡，在“图案”栏中的“样式”下拉列表中选择“5%”选项，单击 确定 按钮，如图5-23所示。

微课：创建样式

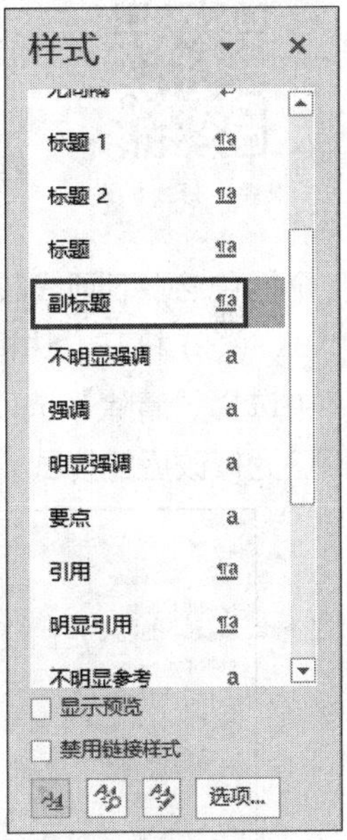

图5-21 单击“新建样式”按钮

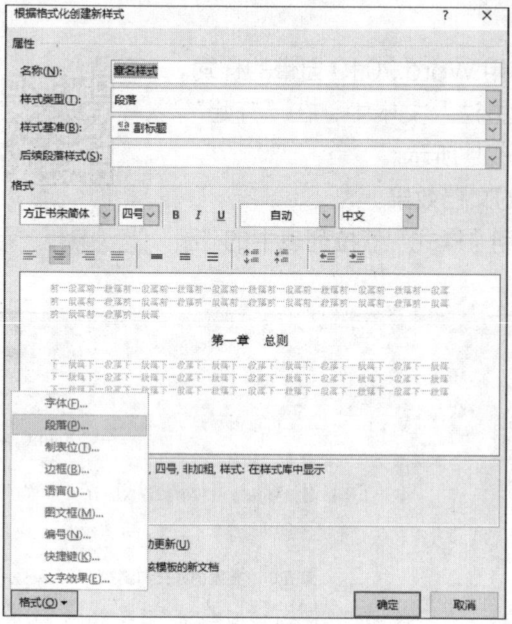

图 5-22 设置名称和格式

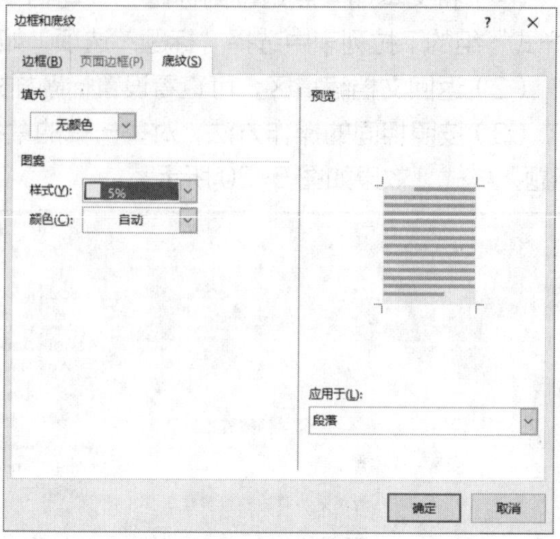

图 5-23 设置底纹

（7）返回文档编辑区，对剩余的 4 个章节名称应用新创建的“章名样式”。

5. 修改样式

微课：修改样式

下面将在“公司档案管理办法.docx”文档中，对新创建的“章名样式”进行修改。

（1）在“样式”窗格中选择“章名样式”选项，单击右侧的下拉按钮▾，在打开的下拉列表中选择“修改”选项。

（2）打开“修改样式”对话框，在“格式”栏中将字体格式修改为“橙色，个性色 2、下画线”，单击 格式(O)▾ 按钮，在打开的下拉列表中选择“边框”选项，如图 5-24 所示。

（3）打开“边框和底纹”对话框，单击“底纹”选项卡，在“图案”栏中的“样式”下拉列表中选择“清除”选项，单击 确定 按钮。此时，文档中所有应用了“章名样式”的文本将会自动更正为修改后的样式，效果如图 5-25 所示（配套资源:\效果文件\项目五\公司档案管理办法.docx）。

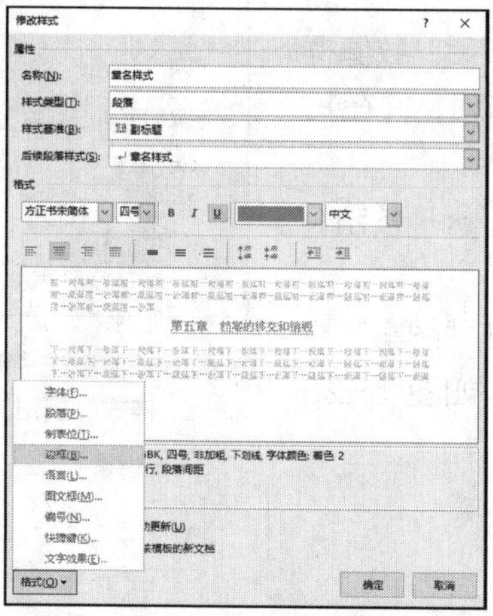

图 5-24 修改样式

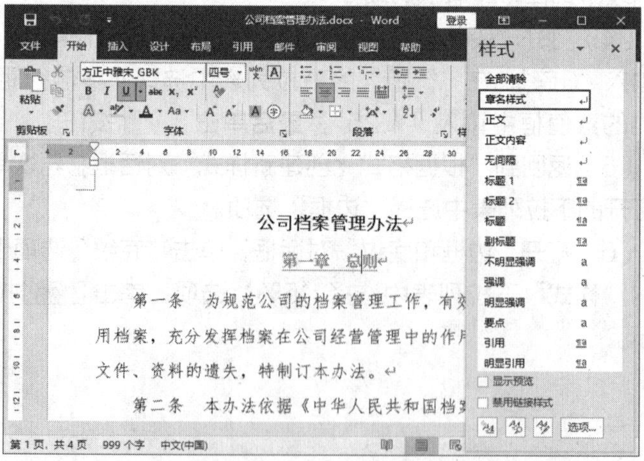

图 5-25 修改样式后的效果

6. 另存为模板

下面把修改后的“公司档案管理办法.docx”文档另存为模板，方便日后使用。

（1）单击页面左上角“保存”按钮，保存修改完毕后的文档。

（2）选择“文件”/“另存为”命令，在打开的“另存为”界面中选择文档保存位置后，打开“另存为”对话框，设置好文件名后，在“保存类型”下拉列表中选择“Word 模板（*.dotx）”选项，最后单击保存(S)按钮即可，如图 5-26 所示（配套资源:\效果文件\项目五\公司档案管理办法.dotx）。

微课：另存为模板

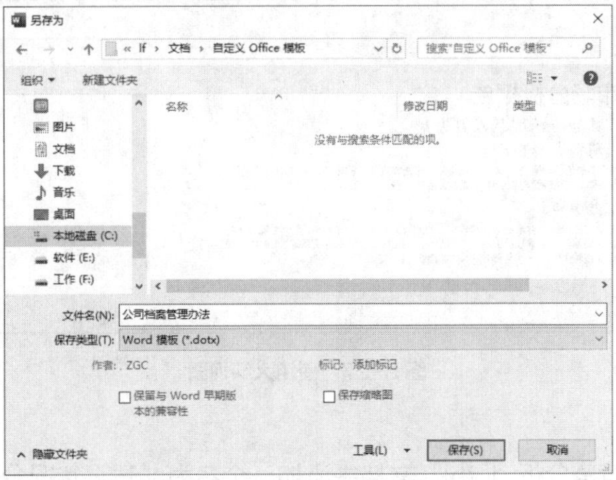

图 5-26　将文档另存为模板

实验三　制作“市场与竞争分析”文档

（一）实验目的

- 了解使用大纲视图的方法。
- 了解添加标签的方法。
- 了解创建交叉引用的方法。
- 掌握插入批注的方法。
- 掌握插入分页符的方法。
- 掌握设置页眉和页脚的方法。
- 熟悉创建目录的方法。
- 了解预览并打印文档的方法。

（二）实验内容

1. 使用大纲视图

下面将在“市场与竞争分析.docx”文档中，利用大纲视图来查看文档结构。

（1）打开“市场与竞争分析.docx”文档（配套资源:\素材文件\项目五\市场与竞争分析.docx），在“视图”/“视图”组中单击大纲按钮，将视图模式切换到大纲视图，在“大纲显示”/“大纲工

微课：使用大纲视图

具”组中的“显示级别”下拉列表中选择“3 级”选项。

（2）查看所有 3 级标题文本后，双击“青少年”文本段落左侧的⊕图标，可展开下面的内容，如图 5-27 所示。

（3）设置完成后，在“大纲显示”/“关闭”组中单击“关闭大纲视图”按钮☒或在“视图”/“视图”组中单击“页面视图”按钮，返回页面视图模式。

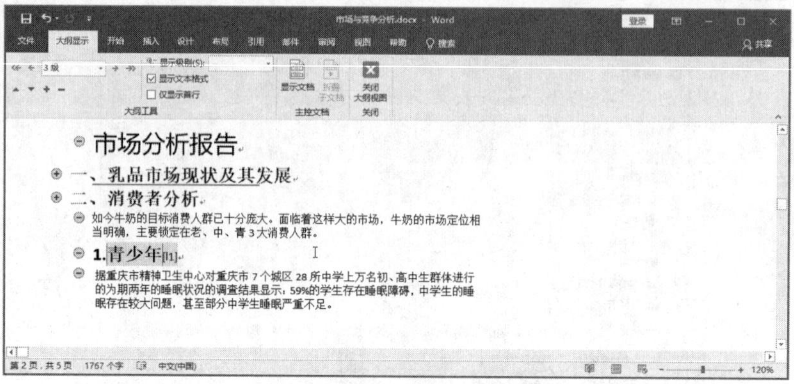

图 5-27　使用大纲视图

2. 添加标签

下面将在“市场与竞争分析.docx”文档中添加一个名为“睡眠状况分析”的标签。

微课：添加标签

（1）在文档中选择要插入标签的对象，如图片、表格、公式等，这里选择图表，然后在“引用”/“题注”组中单击“插入题注”按钮，打开“题注”对话框。

（2）单击 新建标签(N)... 按钮，打开“新建标签”对话框，在“标签”文本框中输入自定义的标签名称“睡眠状况分析”，如图 5-28 所示，输入完毕后，单击 确定 按钮。

（3）返回“题注”对话框，在“题注”文本框中将显示新添加的标签名称。另外，单击对话框中的 编号(U)... 按钮，还可以为标签应用不同的编号样式，这里保持默认设置不变。

（4）单击“题注”对话框中的 确定 按钮返回文档，即可在图表下方查看新添加的标签，如图 5-29 所示。

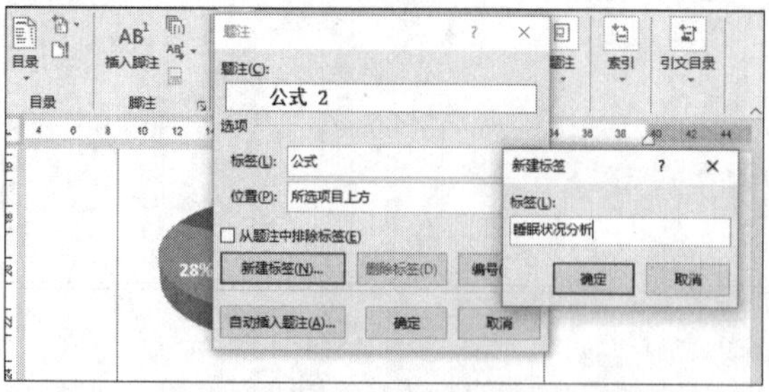

图 5-28　输入标签名称

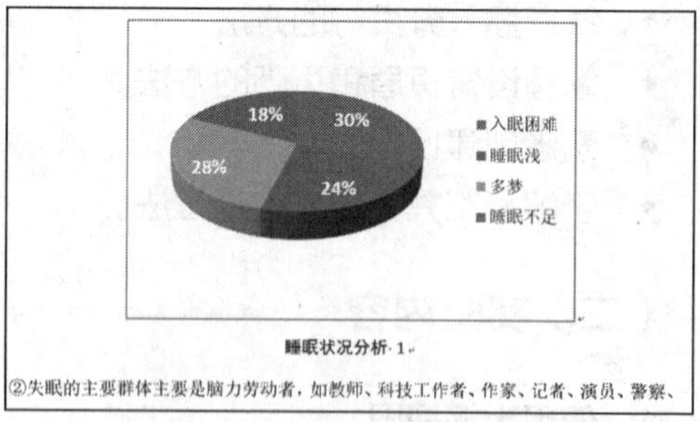

图 5-29　查看新添加的标签

3. 创建交叉引用

下面在“市场与竞争分析.docx”文档中创建交叉引用。

（1）将文本插入点定位到需要使用交叉引用的位置，这里定位到文档末尾处，然后在“引用”/“题注”组中单击“交叉引用”按钮，如图 5-30 所示。

微课：创建交叉引用

（2）打开“交叉引用”对话框，在“引用类型”下拉列表中选择“睡眠状况分析”选项，在“引用哪一个题注”列表中选择需要引用的选项，如图 5-31 所示。

（3）单击“交叉引用”对话框中的 插入(I) 按钮即可创建交叉引用。按住【Ctrl】键的同时，单击创建的交叉引用文本即可快速跳转至文档中的指定位置。

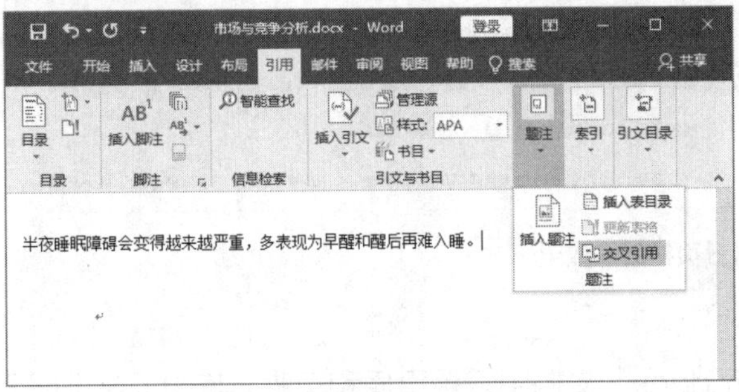

图 5-30 单击“交叉引用”按钮

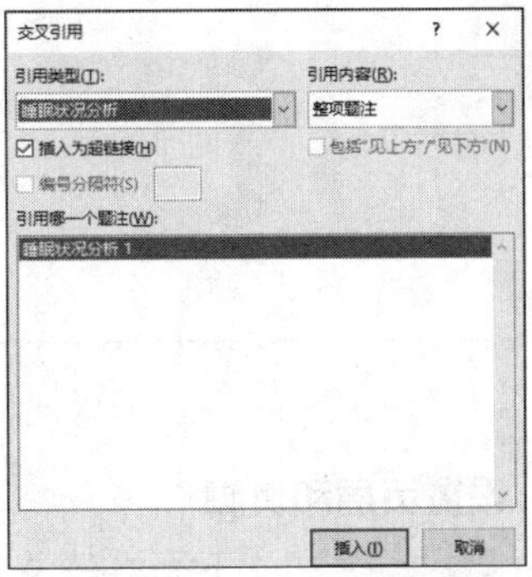

图 5-31 设置交叉引用参数

4. 插入批注

下面将在“市场与竞争分析.docx”文档中，为“老年人”和“青少年”文本添加批注。

微课：插入批注

（1）选择要插入批注的文本，这里选择“3.老年人”文本，然后在“插入”/“批注”组中单击“批注”按钮，此时被选择的文本处将出现一条引至文档右侧的引线。

（2）在批注文本框中输入批注内容，如图 5-32 所示。

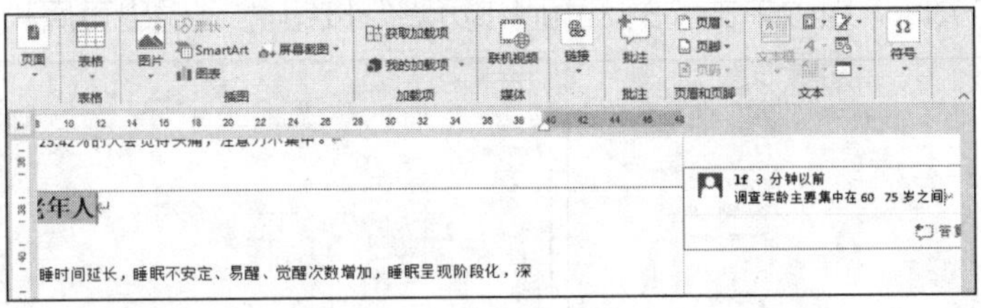

图 5-32 插入批注

（3）使用相同的方法为文档添加多个批注，单击“审阅”/“批注”组中的“上一条”按钮或“下一条”按钮，可查看前后的批注内容。需要注意的是，为文档添加批注后，若要删除，可在要删除的批注上右击，在弹出的快捷菜单中选择“删除批注”命令。

5. 插入分页符

下面将在“市场与竞争分析.docx”文档中“市场分析报告”文本前面插入分隔符。

微课：插入分页符

（1）将文本插入点定位到文本“市场分析报告”之前，在“布局”/“页面设置”组中单击“分隔符”按钮，在打开的下拉列表中的“分页符”栏中选择“分页符”选项。

（2）在文本插入点所在位置插入分页符，此时，“市场分析报告”的内容将从下一页开始。插入分页符后的效果如图 5-33 所示。

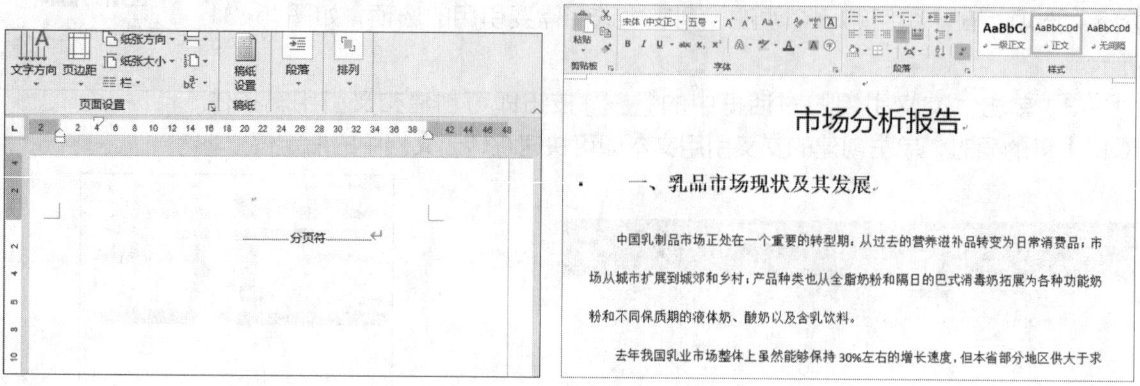

图 5-33　插入分页符后的效果

6. 设置页眉和页脚

微课：设置页眉和页脚

下面将在“市场与竞争分析.docx”文档中设置页眉和页脚。其中，在页眉添加公司名称，在页脚添加页码。

（1）在“插入”/“页眉和页脚”组中单击“页眉”按钮，在打开的下拉列表中选择“边线型”选项，然后在其中输入“江明月乳业公司”文本，并设置文本字体格式为“方正宋三简体、四号”，单击选中“首页不同”复选框，如图 5-34 所示。

（2）在“页眉页脚工具-设计”/“页眉和页脚”组中单击“页脚”按钮，在打开的下拉列表中选择“边线型”选项。

（3）文本插入点自动定位到页脚区，且自动插入左对齐页码，如图 5-35 所示，然后在“页眉页脚工具-设计”/“关闭”组中单击“关闭页眉和页脚”按钮，退出页眉和页脚视图。

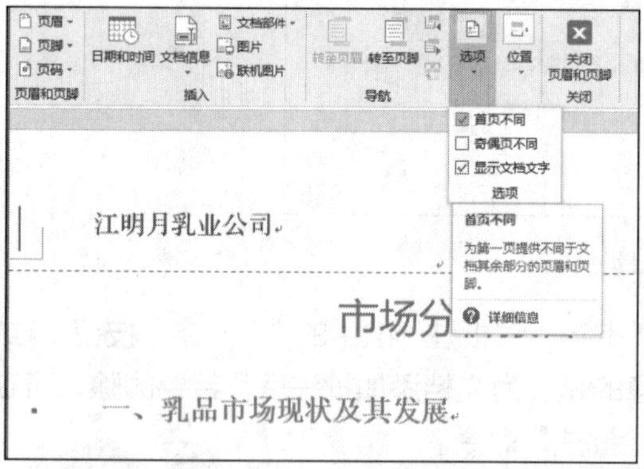

图 5-34　设置页眉

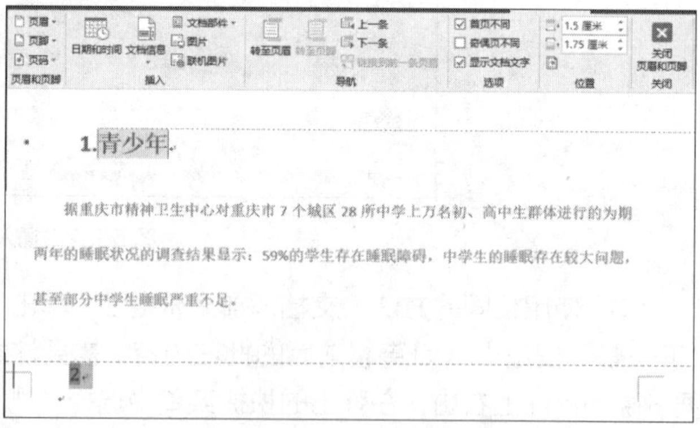

图 5-35　设置页脚

7. 创建目录

下面将在“市场与竞争分析.docx”文档中创建目录。

（1）在“分页符”前面定位文本插入点，然后在“引用”/“目录”组中单击“目录”按钮，在打开的下拉列表中选择“自定义目录”选项，打开“目录”对话框，单击“目录”选项卡，在“制表符前导符”下拉列表中选择第 2 个选项，在“格式”下拉列表中选择“正式”选项，在“显示级别”数值框中输入“3”，单击 确定 按钮，如图 5-36 所示。

微课：创建目录

（2）返回文档编辑区即可查看插入的目录，效果如图 5-37 所示。

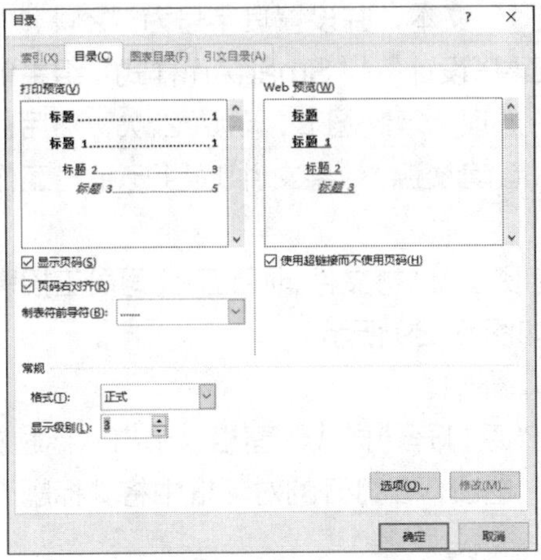

图 5-36 “目录”对话框

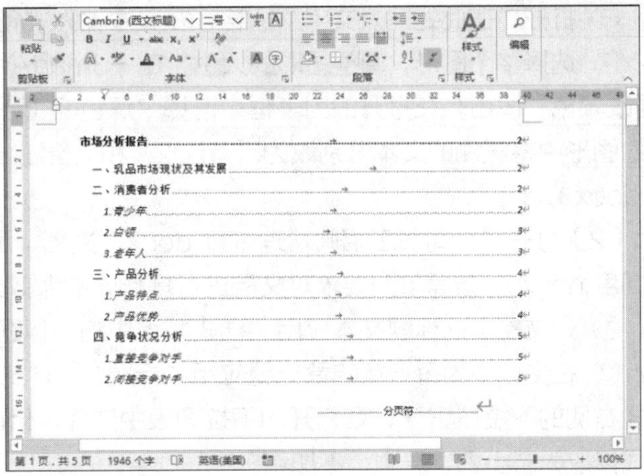

图 5-37 插入目录后的效果

8. 预览并打印文档

下面将对排版后的“市场与竞争分析.docx”文档进行打印预览和打印操作。

（1）选择“文件”/“打印”命令，在界面右侧预览打印效果。

（2）预览文档打印效果确定无问题后，在“打印”栏的“份数”数值框中设置打印份数为“2”，然后单击“打印”按钮即可开始打印“市场与竞争分析.docx”文档（配套资源:\效果文件\项目五\市场与竞争分析.docx）。

微课：预览并打印文档

综合实践

（1）本例的素材文件中已包含了工作计划文字部分的内容，还需要插入表格并设计备注栏。本例中制作完成的“销售工作计划”文档的效果如图 5-38 所示。

① 打开素材文件“销售工作计划.docx”文档（配套资源:\素材文件\项目五\销售工作计划.docx），在文档落款文本上方输入表题“2021 年产品销量计划表”，设置字体格式为“黑体、小三、居中”。按【Enter】键换行，在“插入”/“表格”组中单击“表格”按钮，在打开的下拉列表中选择“插入表格”选项，打开“插入表格”对话框，设置行数为 12，列数为 6，并输入相关文本。

② 调整表格的宽度和高度，选择整个表格，在“表格工具-布局”/“对齐方式”组中单击“水平居中”按钮，使单元格中的数据在水平和垂直方向都居中对齐。

③ 将文本插入点定位到第 2 行最后一个单元格中，单击“表格工具-布局”/“数据”组中的“公式”按钮，打开“公式”对话框，将“公式”文本框中默认的公式删除，输入公式“=AVERAGE(LEFT)”，单击 确定 按钮。使用相同的方法计算“平均销量”列其他单元格的数据。

④ 将文本插入点定位到最后一行第 2 个单元格中，打开“公式”对话框，直接单击 确定 按钮完成求和操作。使用相同的方法计算该行其他单元格的数据。

⑤ 在表格的下方确定插入点，在“插入”/“插图”组中单击“SmartArt”按钮，打开“选择 SmartArt 图形”对话框，在左侧单击“列表”选项卡，在中间的列表框中选择“线型列表”选项，单击 确定 按钮。

⑥ 打开“在此处键入文字”窗格，在其中输入“备注 1”文本，并设置其字号为“24”。

⑦ 选择整个图形，调整图形的大小，在“SmartArt 工具-设计”/“SmartArt 样式”组中单击“更改颜色”按钮，在打开的列表框中选择“深色 2 填充”选项。复制图形，粘贴 2 次，然后在粘贴的图形中将左侧的文本分别改为“备注 2”和“备注 3”（配套资源:\效果文件\项目五\销售工作计划.docx）。

（2）打开“公司员工招聘管理制度.docx”文档（配套资源:\素材文件\项目五\公司员工招聘管理制度.docx），按照下列要求对文档进行操作，参考效果如图 5-39 所示。

① 为文档中的标题文本应用“样式”组中的“标题 1”样式。

② 在文档中为每一章的章标题应用“标题 2”样式，然后打开“样式”窗格，单击“标题 2”样式右侧的下拉按钮，在打开的下拉列表中选择“修改”选项，在打开的对话框中将“标题 2”样式修改为“小四、居中、不加粗”。

③ 将文本插入点定位到“附件:”文本的右侧，打开“题注”对话框，添加一个“岗位说明书 1”标签。然后将文本插入点定位到第六条中“三、准备面试资料”段落的末尾，创建一个交叉引用，引用“岗位说明书 1”题注。

④ 为文档添加“奥斯汀”样式的页脚。

⑤ 使用大纲视图显示两级大纲内容，然后退出大纲视图。

⑥ 在“引用”/“脚注”组中单击“插入尾注”按钮，在文档末尾插入尾注，用于输入公司地址和电话。

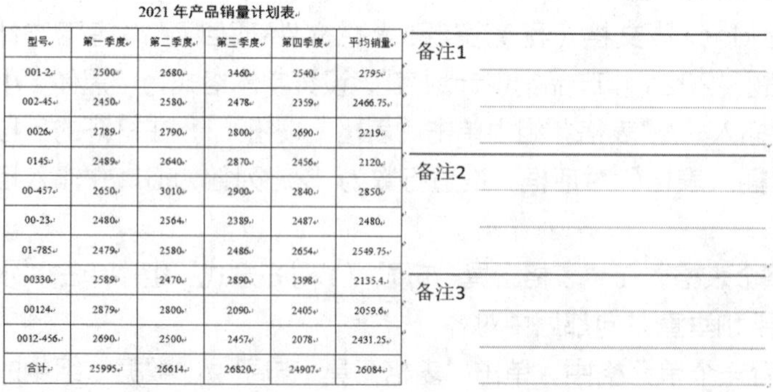

2021 年产品销量计划表

型号	第一季度	第二季度	第三季度	第四季度	平均销量
001-2	2500	2680	3460	2540	2795
002-45	2450	2580	2478	2359	2466.75
0026	2789	2790	2800	2690	2219
0145	2489	2640	2870	2456	2120
00-457	2650	3010	2900	2840	2850
00-23	2480	2564	2389	2487	2480
01-785	2479	2580	2486	2654	2549.75
00330	2589	2470	2890	2398	2135.4
00124	2879	2800	2090	2405	2059.6
0012-456	2690	2500	2457	2078	2431.25
合计	25995	26614	26820	24907	26084

图 5-38 “销售工作计划”文档

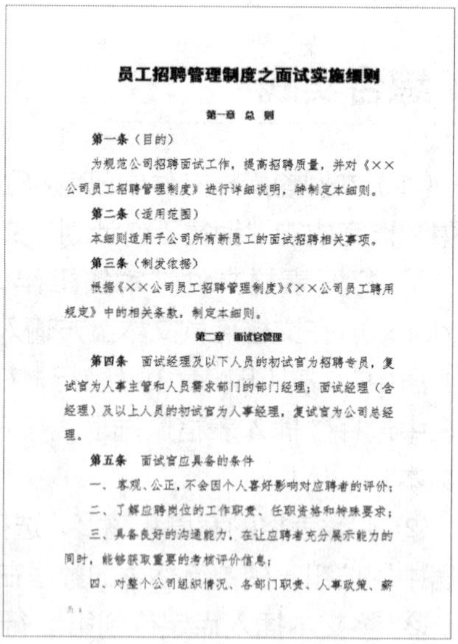

员工招聘管理制度之面试实施细则

第一章 总 则

第一条（目的）

为规范公司招聘面试工作，提高招聘质量，并对《××公司员工招聘管理制度》进行详细说明，特制定本细则。

第二条（适用范围）

本细则适用于公司所有新员工的面试招聘相关事项。

第三条（制发依据）

根据《××公司员工招聘管理制度》《××公司员工聘用规定》中的相关条款，制定本细则。

第二章 面试官管理

第四条 面试经理及以下人员的初试官为招聘专员，复试官为人事主管和人员需求部门的部门经理；面试经理（含经理）及以上人员的初试官为人事经理，复试官为公司总经理。

第五条 面试官应具备的条件

一、客观、公正，不会因个人喜好影响对应聘者的评价；

二、了解应聘岗位的工作职责、任职资格和特殊要求；

三、具备良好的沟通能力，在让应聘者充分展示能力的同时，能够获取重要的考核评价信息；

四、对整个公司组织情况、各部门职责、人事政策、薪

图 5-39 “公司员工招聘管理制度”文档

项目六
制作Excel表格

06

实验一　制作“学生成绩表”工作簿

（一）实验目的

- 掌握新建并保存工作簿的操作方法。
- 掌握在工作表中输入数据的操作方法。
- 掌握设置数据有效性的操作方法。
- 掌握设置单元格格式的操作方法。
- 熟悉设置条件格式的操作方法。
- 掌握调整单元格行高和列宽的操作方法。

（二）实验内容

1. 新建并保存工作簿

下面将新建并保存一个名为“学生成绩表”的工作簿。

（1）启动 Excel 2019，选择“文件”/“新建”命令，在界面中选择“空白工作簿”选项。

（2）程序将新建名为“工作簿 1”的空白工作簿。

（3）选择“文件”/“保存”命令，在打开的“另存为”界面中选择“浏览”选项，在打开的“另存为”对话框中选择文件保存路径，在“文件名”文本框中输入“学生成绩表”文本，单击 保存(S) 按钮。

微课：新建并保存工作簿

2. 输入工作表数据

下面将完善“学生成绩表.xlsx”工作簿中的数据信息。

（1）选择 A1 单元格，在其中输入“学生成绩表”文本，然后按【Enter】键切换到 A2 单元格，在其中输入“学号”文本。

（2）按【Tab】键或【→】键切换到 B2 单元格，在其中输入“姓名”文本，再使用相同的方法依次在后面单元格中输入“语文”“数学”“外语”“地理”“历史”“物理”“化学”等文本，如图 6-1 所示。

微课：输入工作表数据

（3）在 A3 单元格中输入学号“20210301”，按住【Ctrl】键并拖动控制柄可自动填充 A4:A21 单元格区域，完成后的效果如图 6-2 所示。

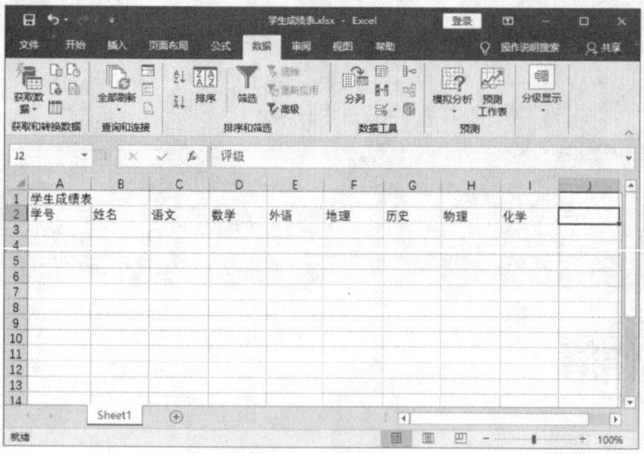

图 6-1　输入数据

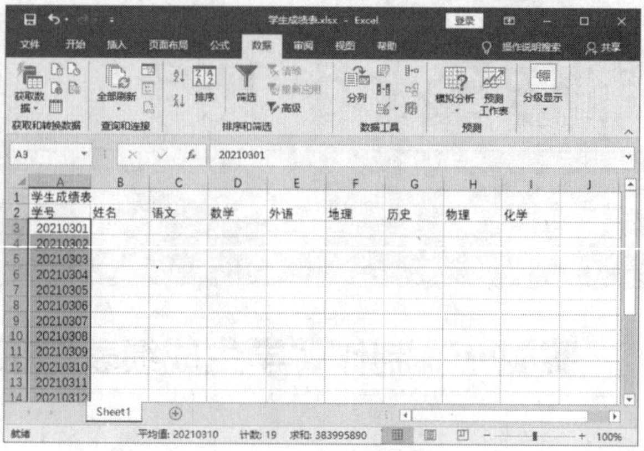

图 6-2　自动填充数据

3. 设置数据有效性

微课：设置数据有效性

下面将工作表中 C3:I21 单元格区域的数据有效性设置为只能输入 0~100 的整数。

（1）在 B3:B21 单元格区域中输入学生名字，然后选择 C3:I21 单元格区域，如图 6-3 所示。

（2）在“数据”/“数据工具”组中单击“数据验证”按钮，打开“数据验证”对话框，默认选择“设置”选项卡，在“允许”下拉列表中选择“整数”选项，在“数据”下拉列表中选择“介于”选项，在“最小值”和“最大值”数值框中分别输入“0”和“100”，如图 6-4 所示。

图 6-3　输入文字并选择填充单元格区域

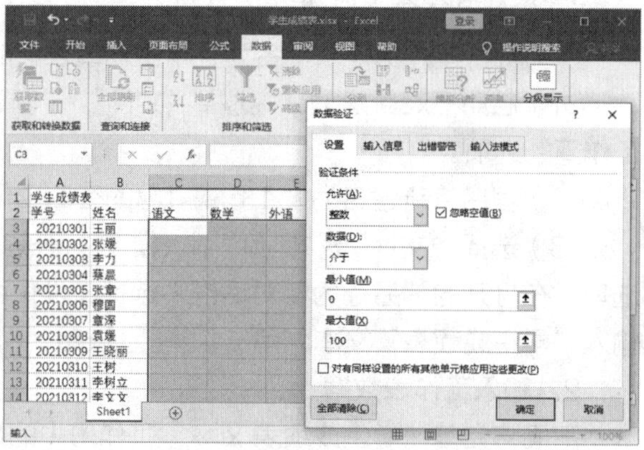

图 6-4　选择输入的数据

（3）单击“输入信息”选项卡，在“输入信息”文本框中输入“0~100 的整数”文本，如图 6-5 所示。

（4）单击“出错警告”选项卡，在“标题”文本框中输入“警告”文本，在“错误信息”文本框中输入“输入的数据不在正确范围内，请重新输入”文本，完成后单击 确定 按钮，如图 6-6 所示。

（5）然后在C3:I21单元格区域中输入数据，效果如图6-7所示。

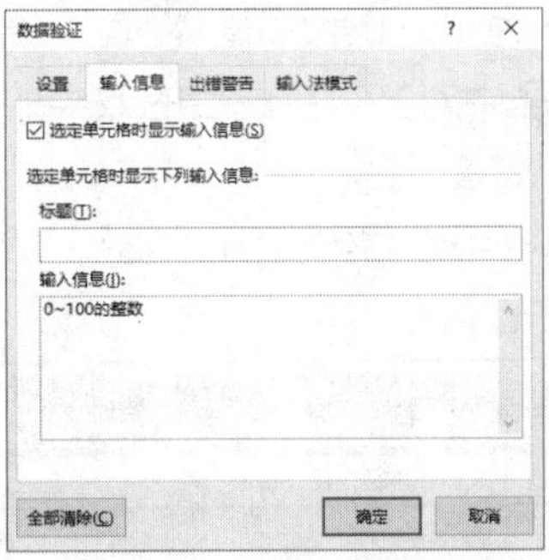

图6-5　设置输入信息

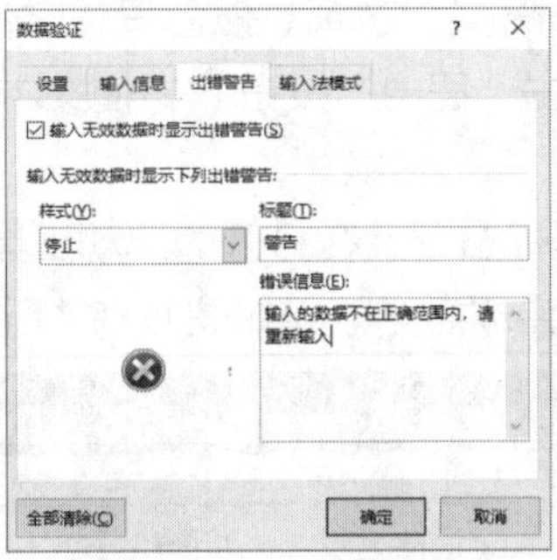

图6-6　设置出错警告

图6-7　输入数据

4．设置单元格格式

下面将对工作表中的单元格格式进行相关设置，包括插入单元格、合并单元格、设置对齐方式、设置填充颜色等。

微课：设置单元格格式

（1）选择工作表中的B列单元格，在“开始”/“单元格”组中单击“插入”按钮，在B列单元格的左侧插入新的一列单元格，如图6-8所示。

（2）选择B2单元格，在其中输入数据“性别”，选择B3:B21单元格区域，打开“数据验证”对话框，在“设置”选项卡的“允许”下拉列表中选择“序列”选项，在“来源”文本框中输入“女,男”文本，单击 确定 按钮。

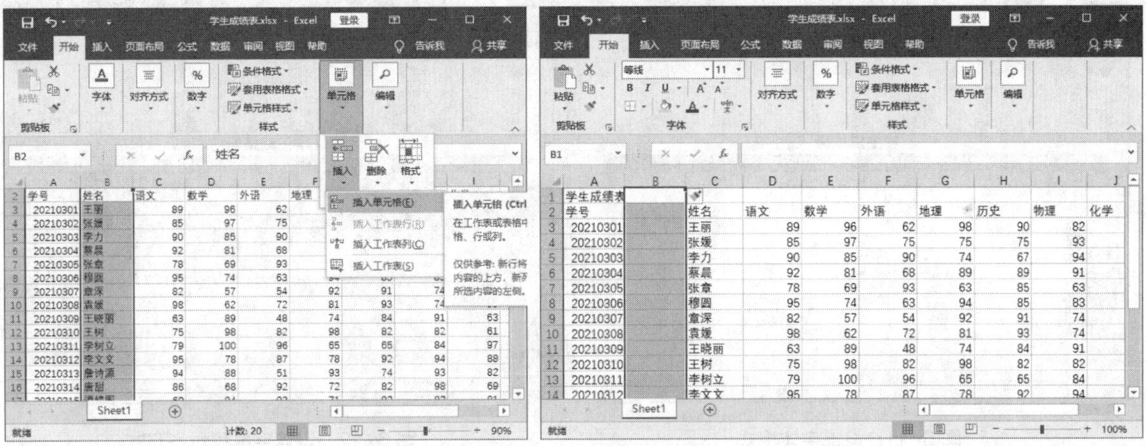

图6-8　插入单元格

（3）选择B3:B21单元格区域任意单元格，然后单击单元格右侧的下拉按钮，在打开的下拉列表中选择男或女选项，如图6-9所示。

（4）选择A1:J1单元格区域，在“开始”/“对齐方式”组中单击“合并后居中”按钮或单击该按钮右侧的下拉按钮，在打开的下拉列表中选择“合并后居中”选项。

（5）返回工作表可看到所选择的单元格区域合并为一个单元格，且其中的文本自动居中显示。

（6）保持选择状态，在“开始”/“字体”组的“字体”下拉列表中选择“方正兰亭大黑_GBK”选项，在“字号”下拉列表中选择“18”选项，完成后的效果如图6-10所示。

（7）选择A2:J2单元格区域，在“开始”/“字体”组中单击“填充颜色”按钮右侧的下拉

按钮 ，在打开的下拉列表中选择“绿色,个性色 6”选项，单击“字体颜色”按钮 右侧的下拉按钮 ，在打开的下拉列表中选择“白色，背景 1”选项，然后设置字体为“方正大黑简体”，字号为“14”，在“开始”/“对齐方式”组中单击“居中”按钮 ，使文本居中对齐，完成后的效果如图 6-11 所示。

（8）选择 A3:J21 单元格区域，单击鼠标右键，在打开的浮动工具栏中设置字号为“13”，然后单击“居中”按钮 ，使文本居中对齐，完成后的效果如图 6-12 所示。

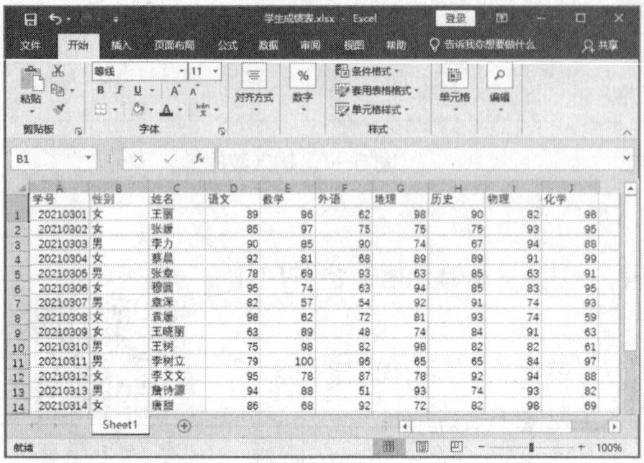

图 6-9 选择性别选项

图 6-10 设置字体

图 6-11 设置字体格式

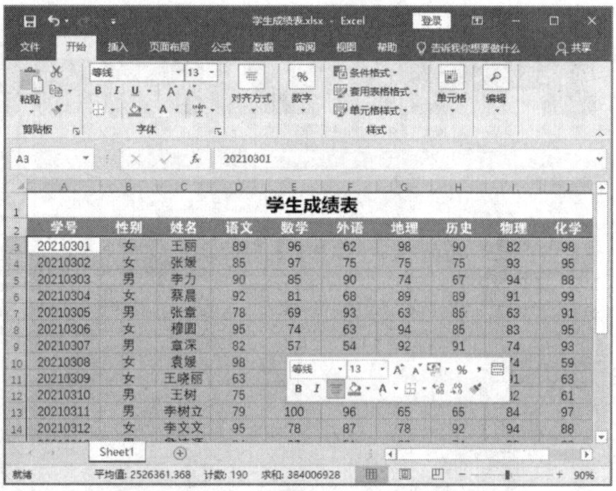

图 6-12 设置字号和对齐方式

微课：设置条件格式

5. 设置条件格式

下面将设置条件格式，对工作表中科目成绩低于 60 分的单元格以红色底纹样式进行突出显示。

（1）选择 D3:J21 单元格区域，在“开始”/“样式”组中单击“条件格式”按钮 ，在打开的下拉列表中选择“新建规则”选项，打开“新建格式规则”对话框。

（2）在“选择规则类型”列表框中选择“只为包含以下内容的单元格设置格式”选项，在“编辑规则说明”栏下第 2 个下拉列表中选择“小于”选项，并在右侧的文本框中输入“60”，如图 6-13 所示。

（3）单击 格式(F)... 按钮，打开“设置单元格格式”对话框，在“字体”选项卡中设置颜色为“白色,背景 1”，在“填充”选项卡中将颜色设置为标准色中的“红色”，如图 6-14 所示。

（4）依次单击“设置单元格格式”对话框和“新建格式规则”对话框 确定 按钮返回工作界面，即可查看设置完条件格式的工作表。

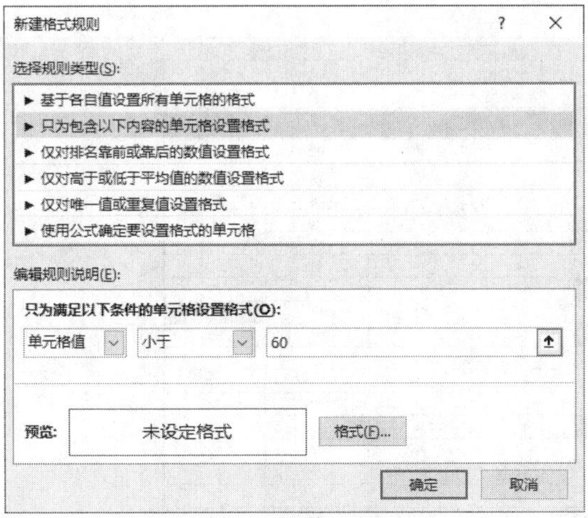

图 6-13　新建格式规则

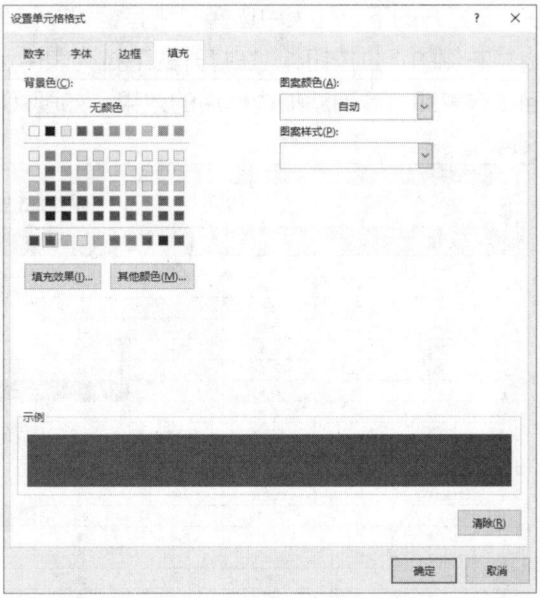

图 6-14　设置单元格格式

6. 调整行高和列宽

下面将对工作表中单元格的行高或列宽进行调整，使其符合需要的单元格大小。

微课：调整行高和列宽

（1）选择 A2:J21 单元格，在“开始”/“单元格”组中单击“格式”按钮，在打开的下拉列表中选择“行高”选项，在打开的“行高”对话框的文本框中输入“23”，单击 确定 按钮。此时，在工作表中可看到第 2～21 行的行高增大，如图 6-15 所示。

（2）在“开始”/“单元格”组中单击“格式”按钮，在打开的下拉列表中选择“列宽”选项，在打开的“列宽”对话框的文本框中输入“16”，单击 确定 按钮完成列宽的调整，如图 6-16 所示。

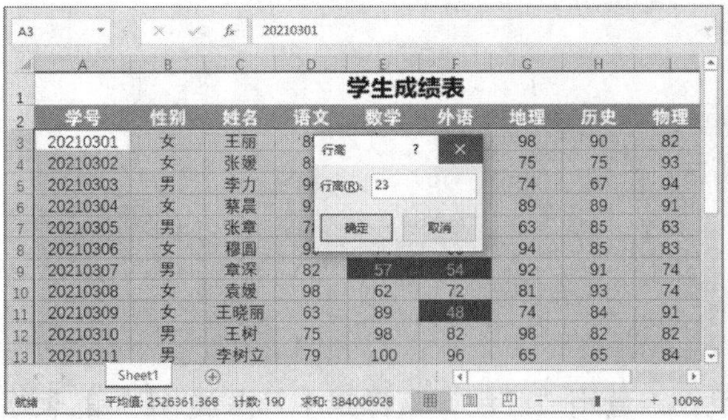

图 6-15　设置行高

图 6-16　设置列宽

（3）将鼠标指针移到第 1 行和第 2 行行号的间隔线上，当鼠标指针变为 ‡ 形状时，按住鼠标左键不放并向下拖动，此时鼠标指针右侧将显示具体的数据，待拖动至适合的位置后释放鼠标，使用相同的方法，调整其他行的行高，并将“学生成绩表”的字号调整为“23”。

（4）选择 A1:J21 单元格区域，在“开始”/“字体”组中单击“边框”按钮 右侧的下拉按钮，在打开的下拉列表中选择“所有框线”选项，为单元格添加边框，然后再次单击“边框”按钮 右侧的下拉按钮，在打开的下拉列表中选择“粗外侧框线”选项，为表格添加外边框效果。返回工作表即可看到添加边框后的效果，如图 6-17 所示（配套资源:\效果文件\项目六\学生成绩表.xlsx）。

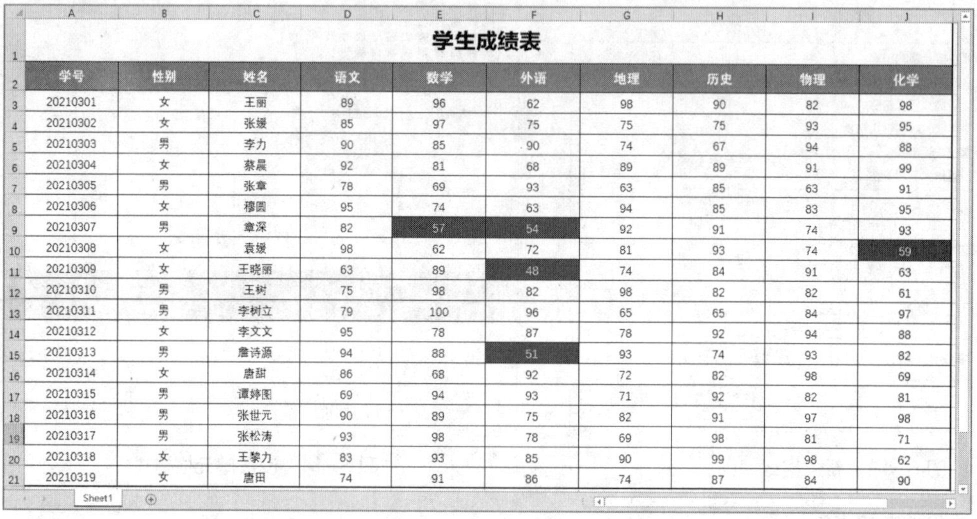

学生成绩表

学号	性别	姓名	语文	数学	外语	地理	历史	物理	化学
20210301	女	王丽	89	96	62	98	90	82	98
20210302	女	张瑗	85	97	75	75	75	93	95
20210303	男	李力	90	85	90	74	67	94	88
20210304	女	蔡晨	92	81	68	89	89	91	99
20210305	男	张章	78	69	93	63	85	63	91
20210306	女	穆圆	95	74	63	94	85	83	95
20210307	男	章深	82	57	54	92	91	74	93
20210308	女	袁瑗	98	62	72	81	93	74	59
20210309	女	王晓丽	63	89	48	74	84	91	63
20210310	男	王树	75	98	82	98	82	82	61
20210311	男	李树立	79	100	96	65	65	84	97
20210312	女	李文文	95	78	87	78	92	94	88
20210313	男	詹诗源	94	88	51	93	74	93	82
20210314	女	唐甜	86	68	92	72	82	98	69
20210315	男	谭婷图	69	94	93	71	92	82	81
20210316	男	张世元	90	89	75	82	91	97	98
20210317	男	张松涛	93	98	78	69	98	81	71
20210318	女	王黎力	83	93	85	90	99	98	62
20210319	女	唐田	74	91	86	74	87	84	90

图 6-17　查看完成后的效果

实验二　制作“材料采购表”工作簿

（一）实验目的

- 熟悉套用表格格式的操作方法。
- 掌握插入与删除工作表的操作方法。
- 掌握移动与复制工作表的操作方法。
- 能够重命名工作表。
- 熟悉冻结窗格的操作方法。
- 掌握设置工作表标签颜色的操作方法。
- 了解预览、打印和保护表格数据的操作方法。

（二）实验内容

1. 套用表格格式

下面将对“材料采购表.xlsx”工作簿中的单元格套用“红色，表样式中等深浅 10”的表格样式。

（1）启动 Excel 2019，选择“文件”/“打开”命令，或按【Ctrl+O】组合键，打开“打开”界面。

（2）选择“浏览”选项，在打开的“打开”对话框中选择“材料采购表”工作簿（配套资源:\素材文件\项目六\材料采购表.xlsx），单击 打开(O) 按钮即可打开选择的工作簿。

微课：套用表格格式

（3）选择“Sheet1”工作表中的 A2:G17 单元格区域，在“开始”/“样式”组中单击“套用表格格式”按钮，在打开的下拉列表中选择如图 6-18 所示的选项。

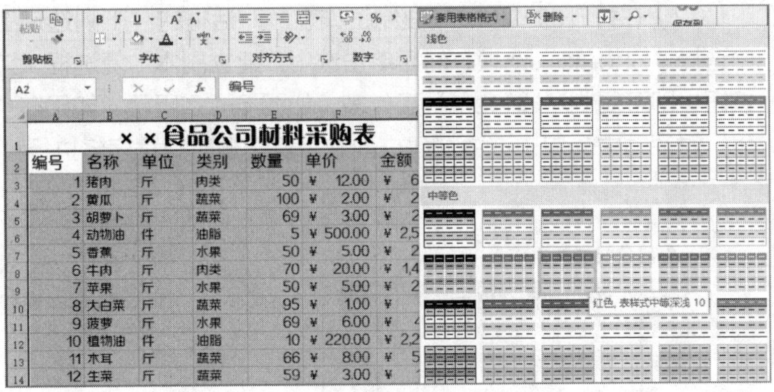

图 6-18　套用表格格式

（4）在打开的“创建表”对话框中，直接单击“确定”按钮。返回工作表中，调整表格的行高和列宽，并将文字居中显示，使整个表格更加美观。

2. 插入与删除工作表

下面将在“材料采购表.xlsx”工作簿中通过“插入”对话框来插入空白工作表，同时删除多余的工作表。

微课：插入与删除工作表

（1）在“Sheet1”工作表标签上单击鼠标右键，在弹出的快捷菜单中选择“插入”命令。

（2）打开“插入”对话框，在“常用”选项卡的列表框中选择“工作表”选项，如图 6-19 所示，然后单击 确定 按钮，即可插入新的空白工作表，如图 6-20 所示。

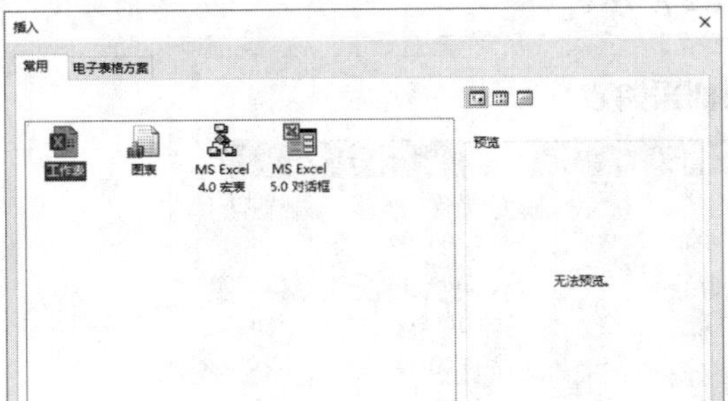

图 6-19　选择“工作表”选项

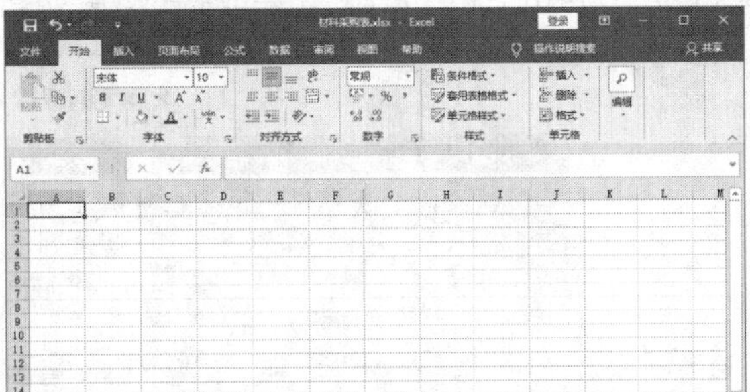

图 6-20　插入工作表

（3）按照相同的操作方法，继续在该工作簿中插入 3 张空白工作表。

（4）按住【Ctrl】键不放，同时选择“Sheet2”“Sheet3”“Sheet4”工作表，单击鼠标右键，在弹出的快捷菜单中选择“删除”命令。

（5）返回工作簿，可看到“Sheet2”“Sheet3”“Sheet4”工作表已被删除。

3．移动与复制工作表

下面将在“材料采购表.xlsx”工作簿中移动并复制“Sheet1”工作表。

微课：移动与复制工作表

（1）在“Sheet1”工作表标签上单击鼠标右键，在弹出的快捷菜单中选择“移动或复制”命令，如图 6-21 所示。

（2）在打开的“移动或复制工作表”对话框的“下列选定工作表之前”列表中选择“Sheet5”选项，然后单击选中“建立副本”复选框，完成后单击 确定 按钮，即可复制“Sheet1”工作表，如图 6-22 所示。如果在“移动或复制工作表”对话框中未单击选中“建立副本”复选框，则程序将执行移动工作表操作。

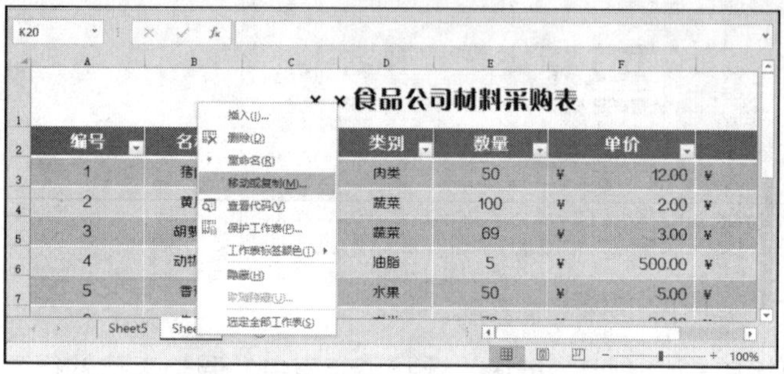

图 6-21　选择“移动或复制”命令

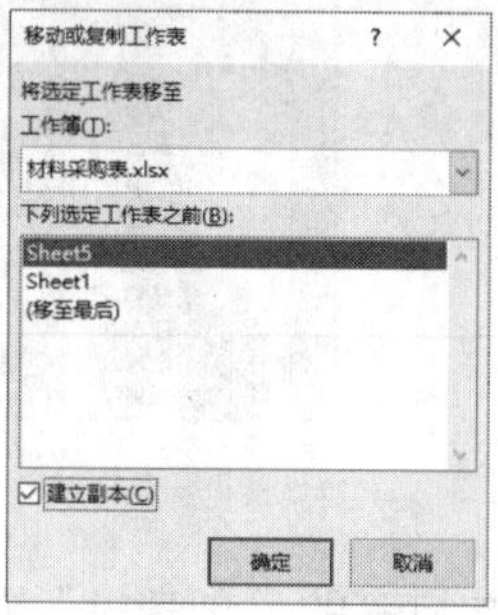

图 6-22　“移动或复制工作表”对话框

4．重命名工作表

下面将对“材料采购表.xlsx”工作簿中的 3 张工作表进行重命名。

微课：重命名工作表

（1）双击“Sheet1”工作表标签，或在“Sheet1”工作表标签上单击鼠标右键，在弹出的快捷菜单中选择“重命名”命令，此时所选择的工作表标签呈可编辑状态，且该工作表的名称自动呈灰底黑字显示。

（2）直接输入“5 月份”文本，然后按【Enter】键或在工作表的任意位置单击退出编辑状态即可重命名该工作表。

（3）使用相同的方法将“Sheet1（2）”工作表和“Sheet5”工作表分别重命名为“6 月份”和“汇总”，完成后的效果如图 6-23 所示。

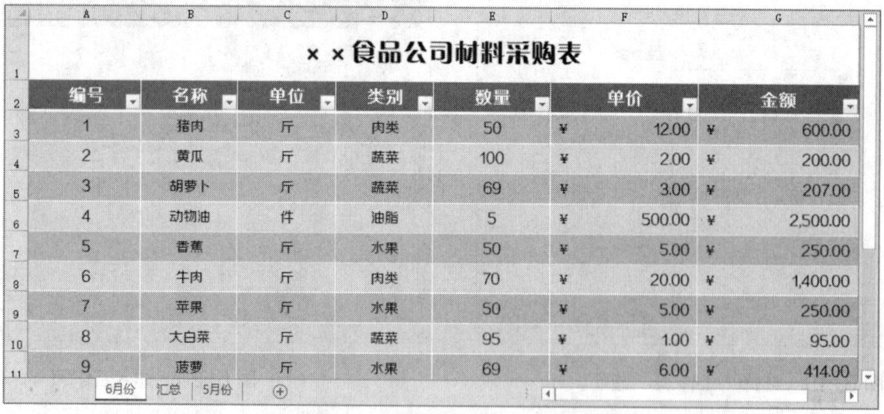

图 6-23　重命名工作表

5. 冻结窗格

微课：冻结窗格

下面将在“材料采购表.xlsx”工作簿中的“5 月份”工作表中以 B3 单元格为冻结中心冻结窗格。

（1）选择“5 月份”工作表，在其中选择 B3 单元格作为冻结中心，然后在“视图”/“窗口”组中单击“冻结窗格”按钮，在打开的下拉列表中选择“冻结窗格”选项。

（2）返回工作表中，拖动水平滚动条或垂直滚动条，即可在保持 B3 单元格上方的行和左侧的列位置不变的情况下查看该工作表其他部分的行或列，如图 6-24 所示。

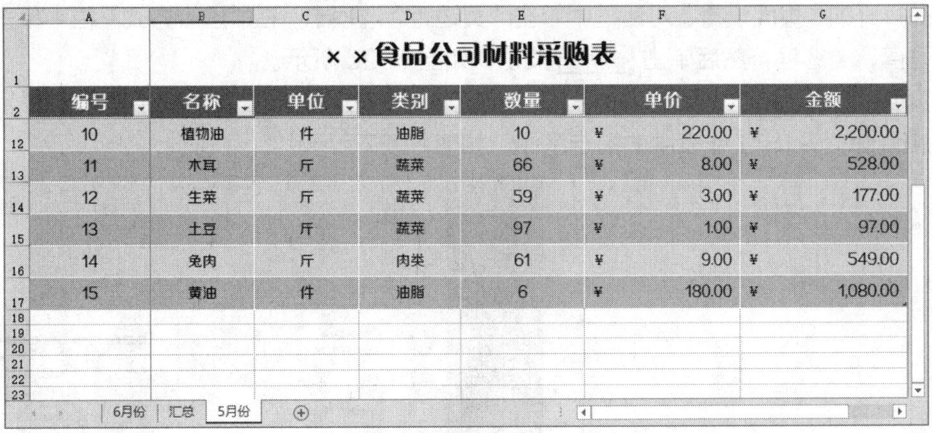

××食品公司材料采购表

编号	名称	单位	类别	数量	单价	金额
10	植物油	件	油脂	10	¥ 220.00	¥ 2,200.00
11	木耳	斤	蔬菜	66	¥ 8.00	¥ 528.00
12	生菜	斤	蔬菜	59	¥ 3.00	¥ 177.00
13	土豆	斤	蔬菜	97	¥ 1.00	¥ 97.00
14	兔肉	斤	肉类	61	¥ 9.00	¥ 549.00
15	黄油	件	油脂	6	¥ 180.00	¥ 1,080.00

图 6-24　冻结窗格

6. 设置工作表标签颜色

微课：设置工作表标签颜色

下面将在“材料采购表.xlsx”工作簿中设置工作表标签的颜色。

（1）选择“6 月份”工作表，然后在其工作表标签上单击鼠标右键，在弹出的快捷菜单中选择“工作表标签颜色”/“深蓝，文字 2”命令。

（2）返回工作表中可查看所设置的工作表标签颜色，单击其他工作表标签，然后使用相同的方法分别为“汇总”和“5月份”工作表标签设置“红色”和“橙色”，如图 6-25 所示。

××食品公司材料采购表

编号	名称	单位	类别	数量	单价	金额
7	苹果	斤	水果	50	¥ 5.00	¥ 250.00
8	大白菜	斤	蔬菜	95	¥ 1.00	¥ 95.00
9	菠萝	斤	水果	69	¥ 6.00	¥ 414.00
10	植物油	件	油脂	10	¥ 220.00	¥ 2,200.00
11	木耳	斤	蔬菜	66	¥ 8.00	¥ 528.00
12	生菜	斤	蔬菜	59	¥ 3.00	¥ 177.00
13	土豆	斤	蔬菜	97	¥ 1.00	¥ 97.00
14	兔肉	斤	肉类	61	¥ 9.00	¥ 549.00
15	黄油	件	油脂	6	¥ 180.00	¥ 1,080.00

图 6-25　设置工作表标签颜色

7. 预览并打印表格数据

下面将在“材料采购表.xlsx”工作簿中预览并打印工作表中指定区域的内容。

微课：预览并打印表格数据

（1）选择“6 月份”工作表的 B2:G17 单元格区域，在“页面布局”/“页面设置”组中单击“打印区域”按钮，在打开的下拉列表中选择“设置打印区域”选项，所选区域四周将出现虚线框，表示该区域将被打印。

（2）选择“文件”/“打印”命令，在界面右侧预览工作表的打印效果，在界面“设置”栏的“纵向”下拉列表中选择“横向”选项，在界面“设置”栏的下方单击“页面设置”超链接。

（3）在打开的“页面设置”对话框中单击“页边距”选项卡，在“居中方式”栏中单击选中“水平”和“垂直”复选框，然后单击 确定 按钮，如图 6-26 所示。

（4）返回“打印预览”界面，确认打印内容无误后，在“份数”数值框中输入“1”，然后单击“打印”按钮即可打印工作表中的指定区域，如图 6-27 所示。

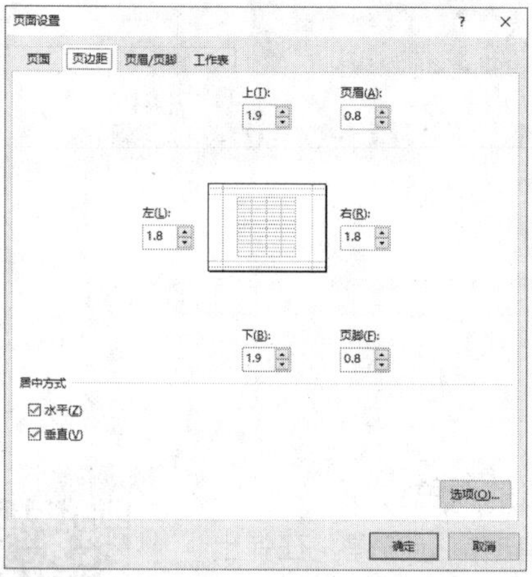

图 6-26　设置页边距

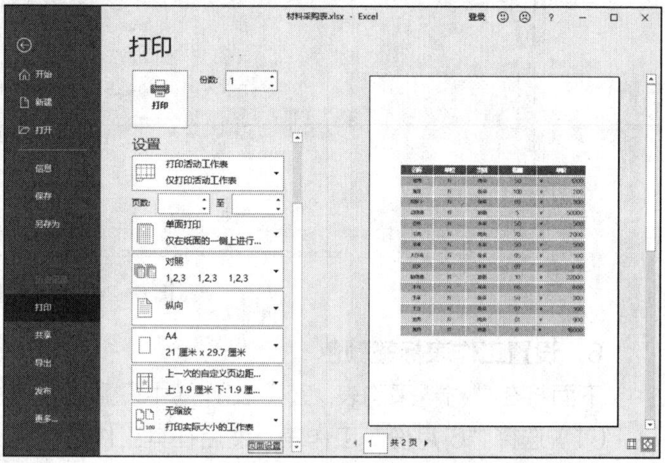

图 6-27　查看打印区域数据

8. 保护表格数据

微课：保护表格数据

下面将在“材料采购表.xlsx”工作簿中设置工作表和工作簿保护。

（1）选择“5 月份”工作表，在“审阅”/“保护”组中单击“保护工作表”按钮。

（2）在打开的“保护工作表”对话框的“取消工作表保护时使用的密码”文本框中输入密码“123”，然后单击 确定 按钮。

（3）在打开的“确认密码”对话框的“重新输入密码”文本框中输入与前面相同的密码，然后单击 确定 按钮。返回工作簿中可发现选项卡中的选项呈灰色状态显示，如图 6-28 所示。

（4）在“审阅”/“保护”组中单击“保护工作簿”按钮，打开“保护结构和窗口”对话框，在“密码”文本框中输入密码“123”，单击选中“结构”复选框，然后单击 确定 按钮。

（5）在打开的“确认密码”对话框的“重新输入密码”文本框中输入密码“123”，单击 确定 按钮，如图 6-29 所示。返回工作簿中，保存并关闭工作簿（配套资源:\效果文件\项目六\材料采购表.xlsx）。

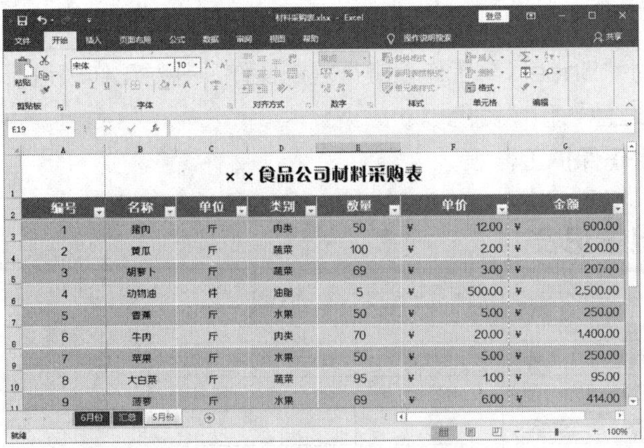

××食品公司材料采购表

编号	名称	单位	类别	数量	单价	金额
1	猪肉	斤	肉类	50	¥ 12.00	¥ 600.00
2	黄瓜	斤	蔬菜	100	¥ 2.00	¥ 200.00
3	胡萝卜	斤	蔬菜	69	¥ 3.00	¥ 207.00
4	动物油	件	油脂	5	¥ 500.00	¥ 2,500.00
5	香蕉	斤	水果	50	¥ 5.00	¥ 250.00
6	牛肉	斤	肉类	70	¥ 20.00	¥ 1,400.00
7	苹果	斤	水果	50	¥ 5.00	¥ 250.00
8	大白菜	斤	蔬菜	95	¥ 1.00	¥ 95.00
9	菠萝	斤	水果	69	¥ 6.00	¥ 414.00

图 6-28　设置保护工作表后的效果

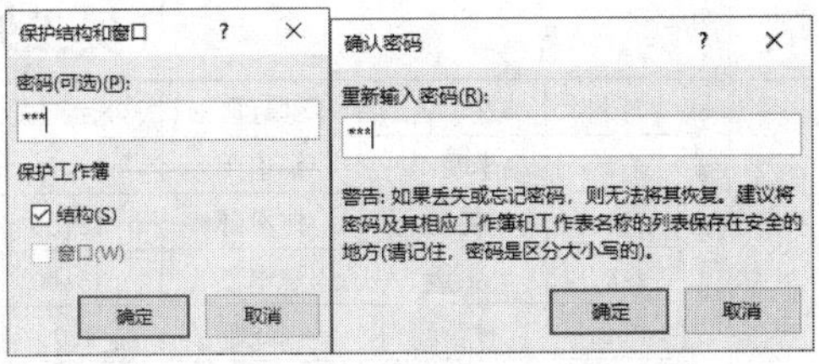

图 6-29　保护工作簿

综合实践

（1）按以下要求制作“库存清单表”工作簿，效果如图 6-30 所示（配套资源:\效果文件\项目六\库存清单表.xlsx）。

① 新建空白工作簿，在工作表中输入库存清单数据，根据需要对单元格的字体格式、对齐方式和数字格式进行设置。

② 通过设置数据验证，为 H3:H12 单元格区域设置输入提示信息。

③ 使用条件格式中的“最前/最后规则”突出显示“库存价值”列中的前 5 项数据。

库存清单表

库存编号	产品名称	单价	在库数量	库存价值	续订水平	续订时间(天)	续订数量
IN0001	产品A	¥51.00	25	¥1,275.00	29	13	50
IN0002	产品B	¥93.00	132	¥12,276.00	231	4	5
IN0003	产品C	¥57.00	151	¥8,607.00	114	11	1
IN0004	产品D	¥19.00	186	¥3,534.00	158	6	50
IN0005	产品E	¥75.00	62	¥4,650.00	39	12	80
IN0006	产品F	¥56.00	58	¥3,248.00	109	7	100
IN0007	产品G	¥59.00	122	¥7,198.00	82	3	150
IN0008	产品H	¥59.00	176	¥10,384.00	229	1	100
IN0009	产品I	¥90.00	96	¥8,640.00	180	3	50
IN0010	产品J	¥97.00	57	¥5,529.00	98	12	50

图 6-30　“库存清单表”工作簿

（2）打开“员工外出登记表.xlsx”工作簿（配套资源:\素材文件\项目六\员工外出登记表.xlsx），按照下列要求对表格进行操作，效果如图 6-31 所示（配套资源:\效果文件\项目六\员工外出登记表.xlsx）。

① 合并后居中 A1:G1 单元格区域，然后将文本“员工外出登记表”的格式设置为“思源黑体 CN Heavy、20”。

② 选择 A2:G11 单元格区域，设置单元格文本居中对齐，然后通过“开始”/“字体”组中的

功能为所选单元格区域添加边框。

③ 利用“移动或复制工作表”对话框，对“Sheet1”工作表进行复制操作，并对工作表进行重命名，最后将工作表标签颜色分别设置为“红色”和“黄色”。

④ 设置打印参数并打印工作表，再设置密码保护工作表。

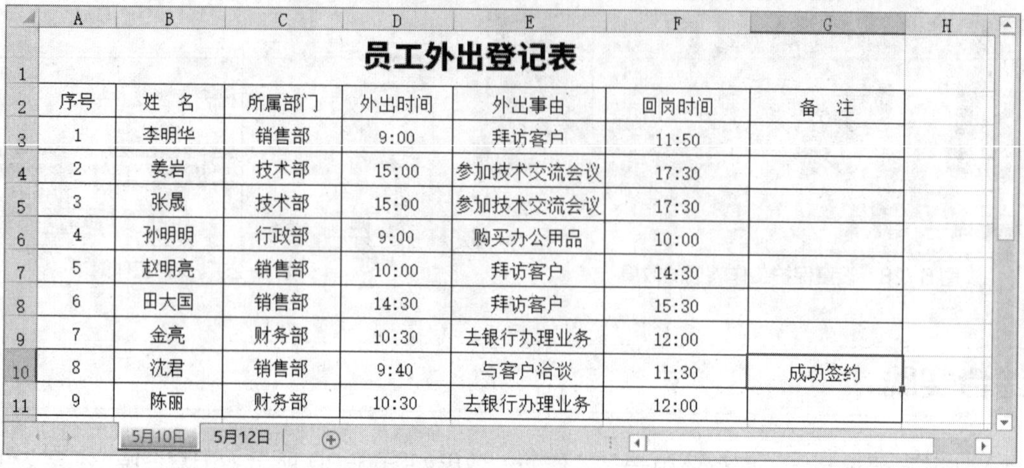

员工外出登记表

序号	姓　名	所属部门	外出时间	外出事由	回岗时间	备　注
1	李明华	销售部	9:00	拜访客户	11:50	
2	姜岩	技术部	15:00	参加技术交流会议	17:30	
3	张晟	技术部	15:00	参加技术交流会议	17:30	
4	孙明明	行政部	9:00	购买办公用品	10:00	
5	赵明亮	销售部	10:00	拜访客户	14:30	
6	田大国	销售部	14:30	拜访客户	15:30	
7	金亮	财务部	10:30	去银行办理业务	12:00	
8	沈君	销售部	9:40	与客户洽谈	11:30	成功签约
9	陈丽	财务部	10:30	去银行办理业务	12:00	

图 6-31 “员工外出登记表”工作簿

项目七 计算和分析Excel数据

07

实验一 制作“员工培训成绩表”工作簿

（一）实验目的

- 掌握求和函数 SUM 的使用方法。
- 掌握平均值函数 AVERAGE 的使用方法。
- 掌握最大值函数 MAX 和最小值函数 MIN 的使用方法。
- 掌握排名函数 RANK.EQ 的使用方法。
- 掌握 IF 函数的使用方法。
- 掌握 INDEX 函数的使用方法。

（二）实验内容

1. 使用求和函数 SUM 计算总成绩

下面将使用求和函数 SUM 计算员工培训的总成绩。

微课：使用求和函数 SUM 计算总成绩

（1）打开“员工培训成绩表.xlsx”工作簿（配套资源:\素材文件\项目七\员工培训成绩表.xlsx），选择 J4 单元格，在“公式”/“函数库”组中单击“自动求和”按钮 Σ。

（2）此时，J4 单元格中将插入求和函数“SUM”，同时 Excel 2019 将自动识别函数参数“D4:I4”，如图 7-1 所示。

（3）单击编辑栏中的“输入”按钮 ✓ 完成求和，将鼠标指针移动到 J4 单元格右下角，当其变为+形状时，按住鼠标左键不放并向下拖动至 J16 单元格时释放鼠标左键，将自动填充每一位员工的总成绩，如图 7-2 所示。

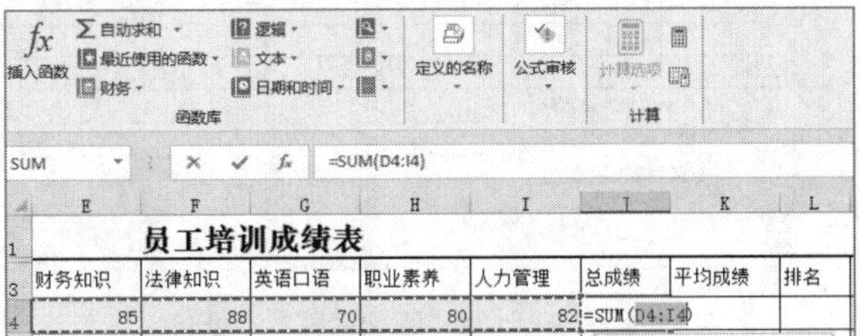

图 7-1 插入求和函数

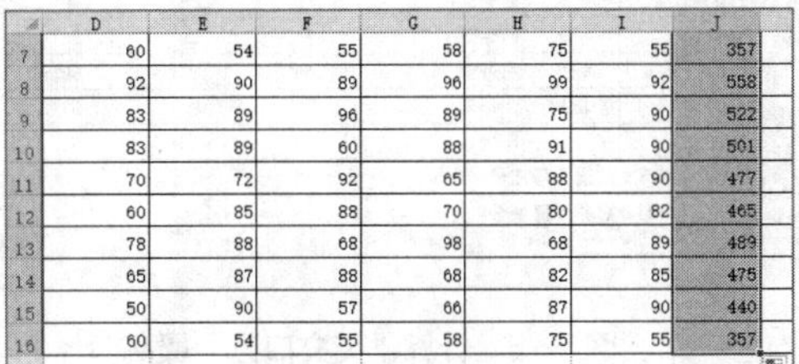

图 7-2 自动填充总成绩

2. 使用平均值函数 AVERAGE 计算平均成绩

下面将使用平均值函数 AVERAGE 计算员工的平均成绩。

微课：使用平均值函数 AVERAGE 计算平均成绩

（1）选择 K4 单元格，在“公式”/“函数库”组中单击“自动求和”按钮 Σ 下方的下拉按钮 ▾，在打开的下拉列表中选择“平均值”选项。

（2）此时，系统自动在 K4 单元格中插入平均值函数 AVERAGE，同时 Excel 2019 将自动识别函数参数“D4:J4”，再将自动识别的函数参数手动更改为“D4:I4”，如图 7-3 所示。

（3）单击编辑栏中的“输入”按钮 ✓ 来应用函数的计算结果。

（4）将鼠标指针移动到 K4 单元格右下角，当其变为+形状时，按住鼠标左键不放并向下拖动至 K16 单元格释放鼠标左键，将自动填充各员工的平均成绩，如图 7-4 所示。

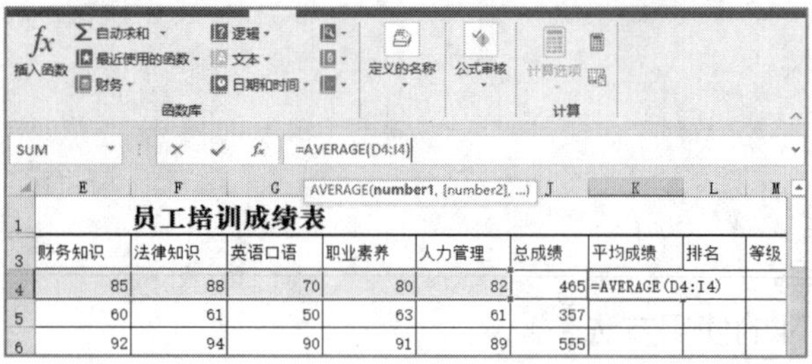

图 7-3　更改函数参数

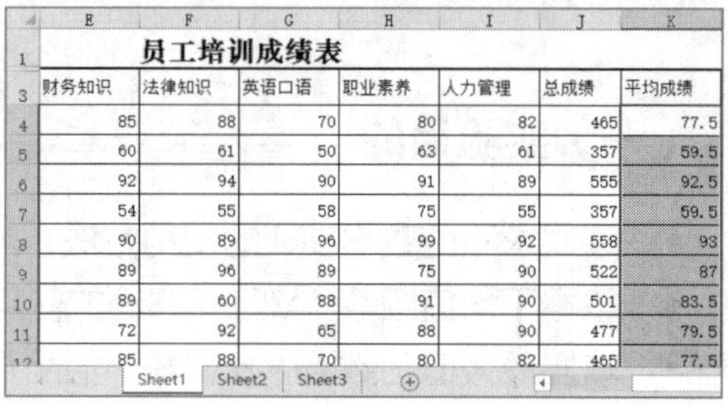

图 7-4　自动填充平均成绩

3. 使用最大值函数 MAX 和最小值函数 MIN 计算科目最高分、最低分

微课：使用最大值函数 MAX 和最小值函数 MIN 计算科目最高分、最低分

下面将使用 MAX 函数和 MIN 函数分别获取“英文口语”最高分和“职业素养”最低分。

（1）选择 D17 单元格，在“公式”/“函数库”组中单击“自动求和”按钮 Σ 下方的下拉按钮 ▾，在打开的下拉列表中选择“最大值”选项。

（2）此时，系统自动在 D17 单元格中插入最大值函数“MAX”，同时 Excel 2019 将自动识别函数参数“D4:D16”，手动将其更改为“G4:G16”。单击编辑栏中的“输入”按钮 ✓ 来应用函数的计算结果，如图 7-5 所示。

（3）选择 D18 单元格，在“公式”/“函数库”组中单击“自动求和”按钮 Σ 下方的下拉按钮 ▾，在打开的下拉列表中选择“最小值”选项。此时，Excel 2019 自动在 D18 单元格中插入最小值函数“MIN”，同时将自动识别函数参数“D4:D17”，手动将其更改为“H4:H16”。单击编辑栏中的“输入”按钮 ✓ 来应用函数的计算结果，如图 7-6 所示。

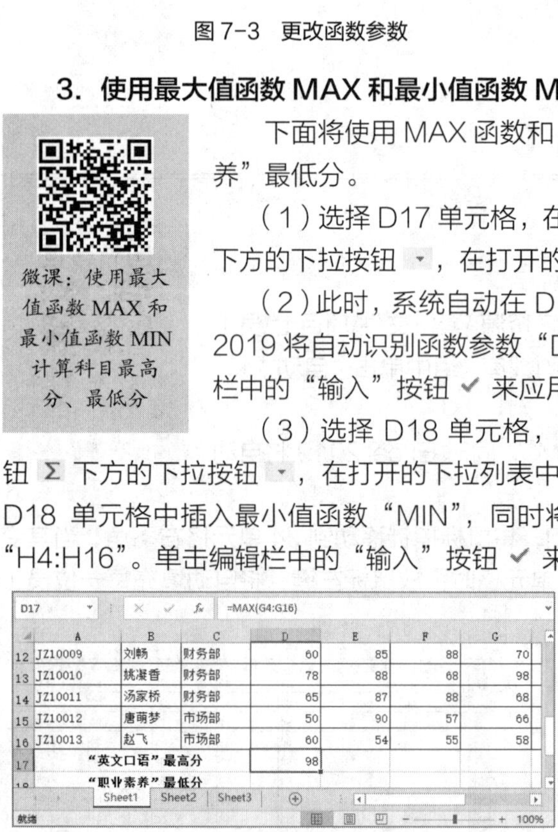

图 7-5　计算“英文口语”最高分

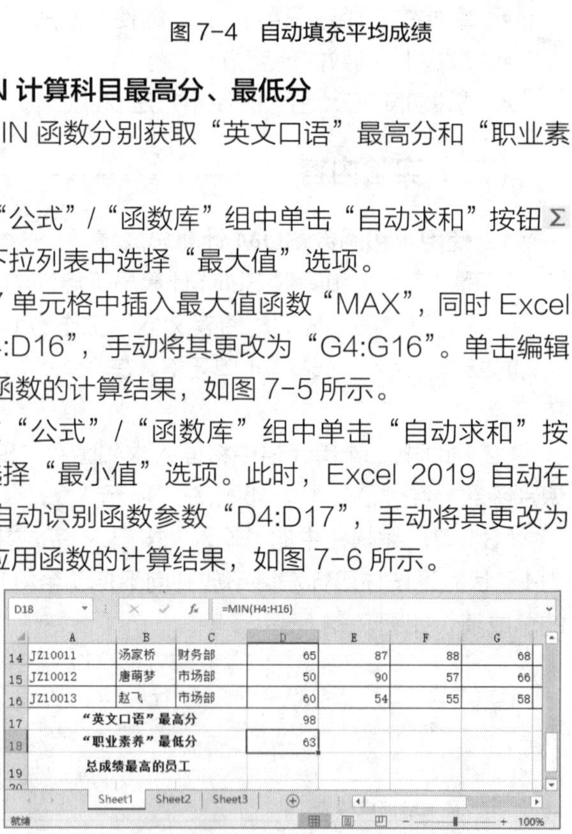

图 7-6　计算“职业素养”最低分

4. 使用排名函数 RANK.EQ 计算名次

下面将使用 RANK.EQ 函数来显示总成绩的排名情况（当总成绩相同时，按并列方式进行排名）。

微课：使用排名函数 RANK.EQ 计算名次

（1）选择 L4 单元格，在“公式”/“函数库”组中单击“插入函数”按钮 *fx* 或按【Shift+F3】组合键，打开“插入函数”对话框。

（2）在“或选择类别”下拉列表中选择“统计”选项，在“选择函数”列表框中选择“RANK.EQ”选项，单击 按钮，如图 7-7 所示。

（3）打开“函数参数”对话框，在“Number”文本框中输入“J4”，单击“Ref”文本框右侧的“收缩”按钮。

（4）此时该对话框呈收缩状态，拖动鼠标选择要计算的 J4:J16 单元格区域，单击文本框右侧的“展开”按钮。

（5）返回“函数参数”对话框，按【F4】键将“Ref”文本框中的单元格引用地址转换为绝对引用格式，单击 按钮，如图 7-8 所示。

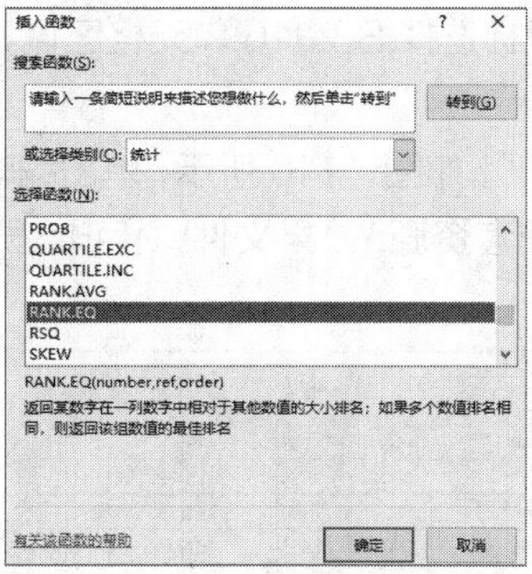

图 7-7 选择 RANK.EQ 函数

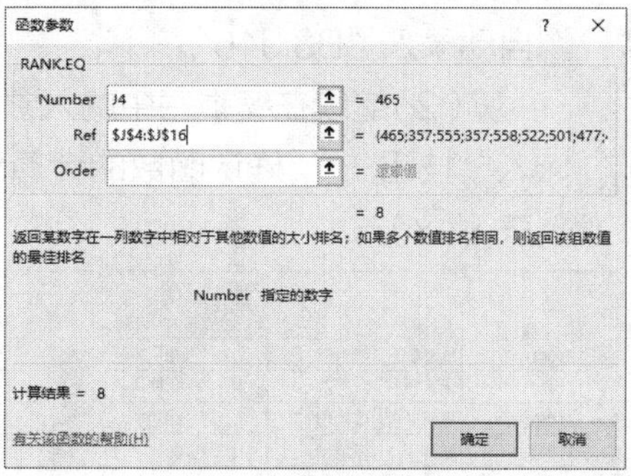

图 7-8 设置函数参数

（6）返回到操作界面，即可查看排名情况，选择 L4 单元格，将鼠标指针移动到 L4 单元格右下角，当其变为**+**形状时，按住鼠标左键不放并向下拖动至 L16 单元格，释放鼠标左键，即可显示每个员工的名次。

5. 使用 IF 函数计算等级

下面将使用 IF 函数来判断员工的等级（判断标准：平均成绩大于 90，显示“优秀”；平均成绩介于 80 到 90，显示“良好”；平均成绩介于 60 到 80，显示“一般”；平均成绩小于 60，显示“差”）。

微课：使用 IF 函数计算等级

（1）选择 M4 单元格，单击编辑栏中的“插入函数”按钮 *fx*，打开“插入函数”对话框。

（2）在“或选择类别”下拉列表中选择“逻辑”选项，在“选择函数”列表框中选择“IF”选项，单击 按钮。

（3）打开“函数参数”对话框，分别在图 7-9 所示的 3 个文本框中输入判断条件和返回逻辑值，单击 按钮。

（4）返回到操作界面，由于 M4 单元格中平均成绩介于 60 到 80，因此 M4 单元格显示为“一般”，将鼠标指针移动到 M4 单元格右下角，当其变为**+**形状时，按住鼠标左键不放并向下拖动至

M16 单元格处释放鼠标，即可显示其他员工的等级。

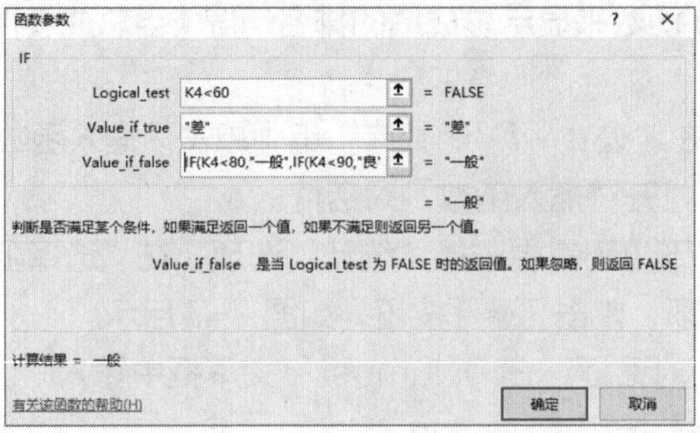

图 7-9　设置判断条件和返回逻辑值

6. 使用 INDEX 函数查询总成绩

下面将使用 INDEX 函数来查找员工“李宵”的总成绩。

微课：使用 INDEX 函数查询总成绩

（1）选择 D19 单元格，在编辑栏中输入“=INDEX(”，编辑栏下方将自动提示 INDEX 函数的参数输入规则，拖动鼠标选择 B3:J16 单元格区域，编辑栏中将自动录入“B3:J16”。

（2）继续在编辑栏中输入参数“,9,9)”，如图 7-10 所示，单击编辑栏中的“输入”按钮 ✓，确认函数的计算结果（配套资源:\效果文件\项目七\员工培训成绩表.xlsx）。

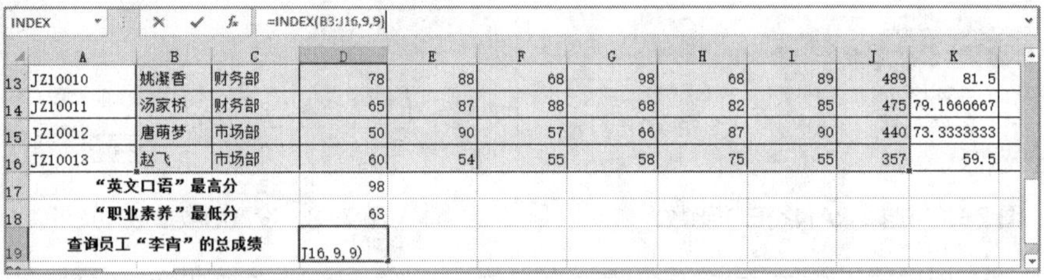

图 7-10　输入参数

实验二　制作“销售额统计表”工作簿

（一）实验目的

- 掌握数据排序、筛选与分类汇总的操作方法。
- 能够利用数据透视表和数据透视图分析表格数据。

（二）实验内容

微课：数据排序

1. 数据排序

下面将在“销售额统计表.xlsx”工作簿中，使用 Excel 2019 的数据排序功能对数据进行排序。

（1）打开“销售额统计表.xlsx”工作簿（配套资源:\素材文件\项目七\销售额

统计表.xlsx），选择数据区域的任意单元格，单击“数据”/“排序和筛选”组中的“排序”按钮 ，如图 7-11 所示。

（2）打开“排序”对话框，在“主要关键字”下拉列表中选择排序关键字“门店”，在“排序依据”下拉列表中选择“单元格值”选项，在“次序”下拉列表中选择“自定义序列”选项，如图 7-12 所示。

图 7-11　单击“排序”按钮

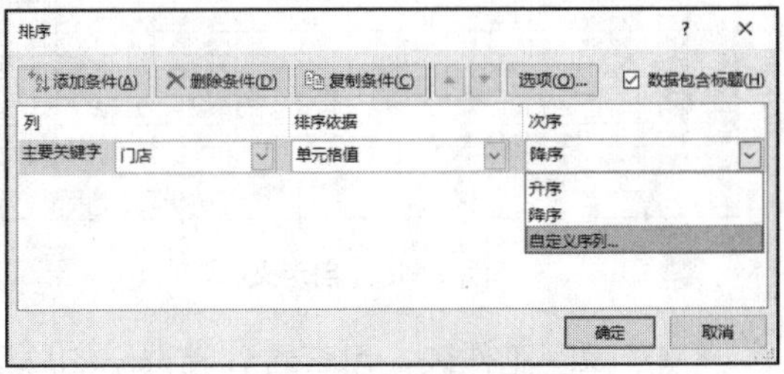

图 7-12　设置排序条件

（3）打开“自定义序列”对话框，在“输入序列”文本框中输入自定义排序“荔城店 五星店 龙城店”，单击 添加(A) 按钮，将序列添加到“自定义序列”列表框中，单击 确定 按钮，如图 7-13 所示。

（4）返回“排序”对话框，单击 添加条件(A) 按钮，添加一个次要条件，在“次要关键字”下拉列表中选择“排名”选项，单击 确定 按钮。

（5）返回工作表，可看到数据区域按照自定义的门店顺序进行排序，并根据各门店中员工的排名先后进行排序，如图 7-14 所示。

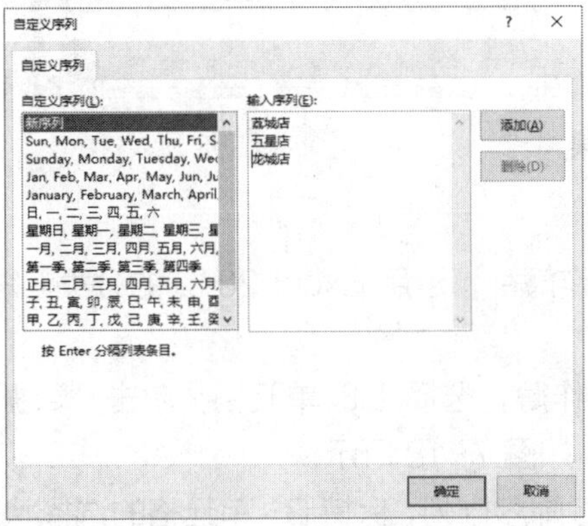

图 7-13　自定义序列

图 7-14　查看排序结果

2．筛选数据

下面将在“销售额统计表.xlsx”工作簿中，通过自定义筛选和高级筛选两种不同的方式，筛选出表格中指定的数据。

微课：筛选数据

（1）单击“数据”/“排序和筛选”组中的“筛选”按钮 。

（2）进入筛选状态，单击“总销售额”单元格右侧的下拉按钮 ，在打开的下拉列表中选择“数字筛选”选项，在打开的子列表中选择“自定义筛选”选项，如图 7-15 所示。

（3）打开“自定义自动筛选方式”对话框，在第一个下拉列表中选择“大于或等于”选项，在其后的下拉列表中输入筛选条件“470000”，单击 确定 按钮，如图 7-16 所示。

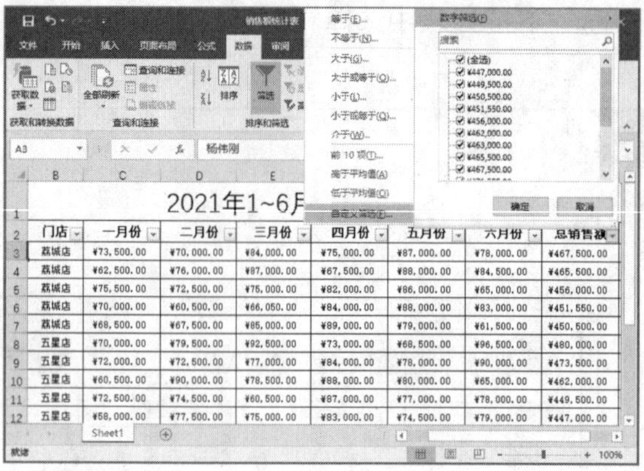

图 7-15　自定义筛选

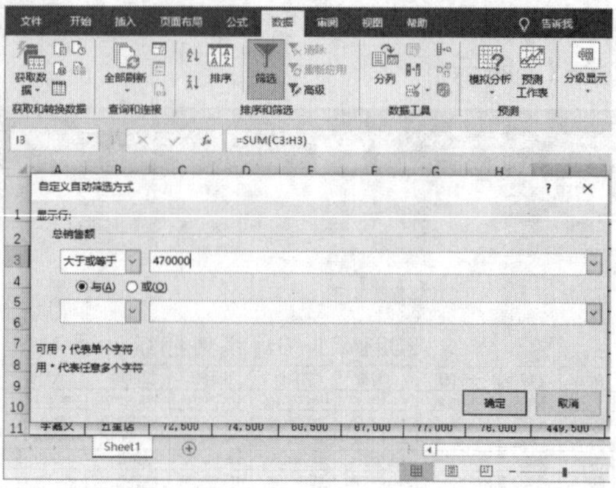

图 7-16　设置筛选方式

（4）返回工作表，可查看到筛选出的总销售额数值大于或等于“470000”的数据记录，然后保存工作簿（配套资源:\效果文件\项目七\销售额统计表（筛选数据）.xlsx），如图 7-17 所示。

2021年1~6月销售额统计表

行	姓名	门店	一月份	二月份	三月份	四月份	五月份	六月份	总销售额	排名
8	贾珂	五星店	¥70,000.00	¥79,500.00	¥92,500.00	¥73,000.00	¥68,500.00	¥96,500.00	¥480,000.00	2
9	王梦源	五星店	¥72,000.00	¥72,500.00	¥77,000.00	¥84,000.00	¥78,000.00	¥90,000.00	¥473,500.00	5
13	赵惠	龙城店	¥79,000.00	¥88,500.00	¥88,000.00	¥80,000.00	¥86,000.00	¥76,000.00	¥497,500.00	1
14	吴佳加	龙城店	¥71,500.00	¥81,500.00	¥79,500.00	¥73,500.00	¥84,000.00	¥88,000.00	¥478,000.00	3
15	郭凤阳	龙城店	¥82,000.00	¥63,500.00	¥90,500.00	¥77,000.00	¥75,150.00	¥89,000.00	¥477,150.00	4
16	李宏	龙城店	¥80,500.00	¥71,000.00	¥69,500.00	¥79,500.00	¥84,500.00	¥88,000.00	¥473,000.00	6
17	黄贺阳	龙城店	¥66,000.00	¥82,500.00	¥85,500.00	¥80,000.00	¥86,500.00	¥71,000.00	¥471,500.00	7

图 7-17　查看筛选效果

3. 对数据进行分类汇总

微课：对数据进行分类汇总

下面将在“销售额统计表.xlsx”工作簿中，运用 Excel 2019 的分类汇总功能按门店统计总销售额。

（1）打开“销售额统计表.xlsx”工作簿，选择 B3 单元格，单击“数据”/“排序和筛选”组中的“降序”按钮，如图 7-18 所示。

（2）按文本拼音字母的先后顺序进行降序排列，保持 B3 单元格的选择状态，单击“数据”/“分级显示”组中的“分类汇总”按钮，如图 7-19 所示。

（3）打开“分类汇总”对话框，在“分类字段”下拉列表中选择“门店”，在“汇总方式”下拉列表中选择“计数”选项，在“选定汇总项”列表框中单击选中“总销售额”复选框，单击 确定 按钮，如图 7-20 所示。

（4）在工作表中可查看到分类汇总结果，效果如图 7-21 所示。单击左侧代表级别的图标，可显示相应级别的数据（配套资源:\效果文件\项目七\销售额统计表（分类汇总）.xlsx）。

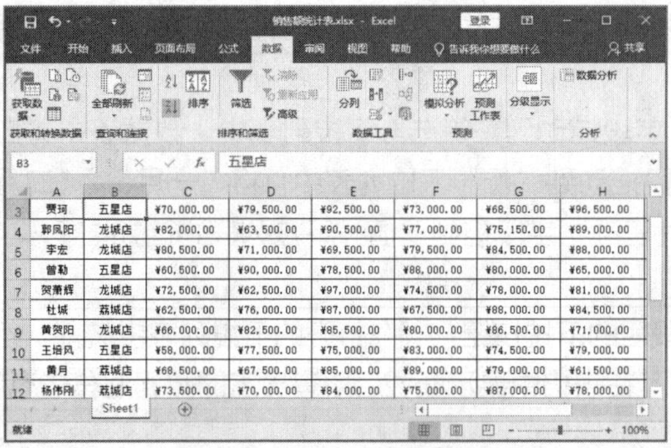

图 7-18　单击“降序”按钮

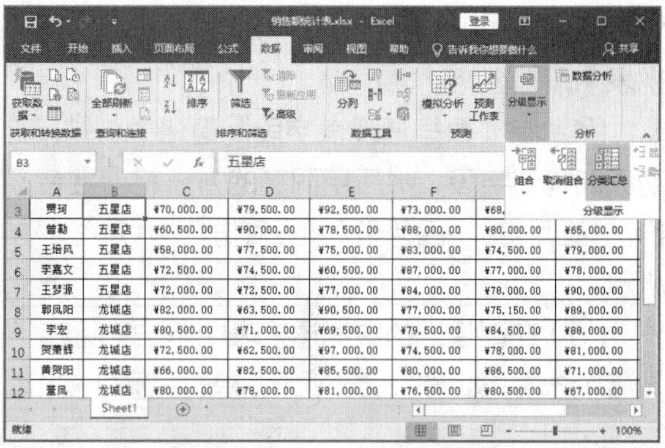

图 7-19　单击“分类汇总”按钮

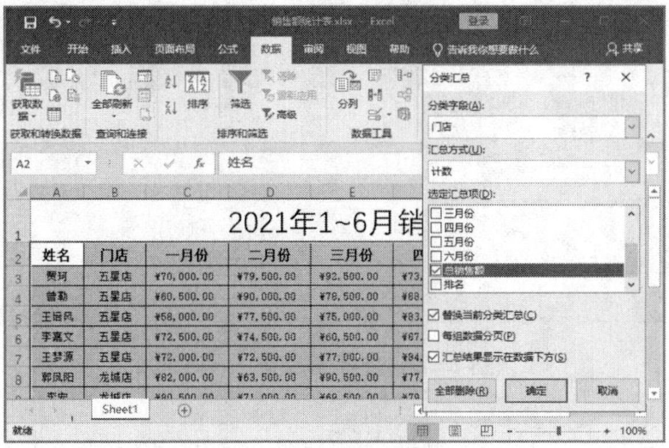

图 7-20　设置分类汇总条件

图 7-21　查看分类汇总效果

4. 创建并编辑数据透视表

下面将在“销售额统计表.xlsx”工作簿中创建并编辑数据透视表。

微课：创建并编辑数据透视表

（1）打开“销售额统计表.xlsx”工作簿，选择 A2:J20 单元格区域，在“插入”/“表格”组中单击“数据透视表”，如图 7-22 所示，打开“创建数据透视表”对话框。

（2）由于已经选择了数据区域，因此只需设置数据透视表的放置位置即可，单击选中“新工作表”单选按钮，单击 确定 按钮，如图 7-23 所示。

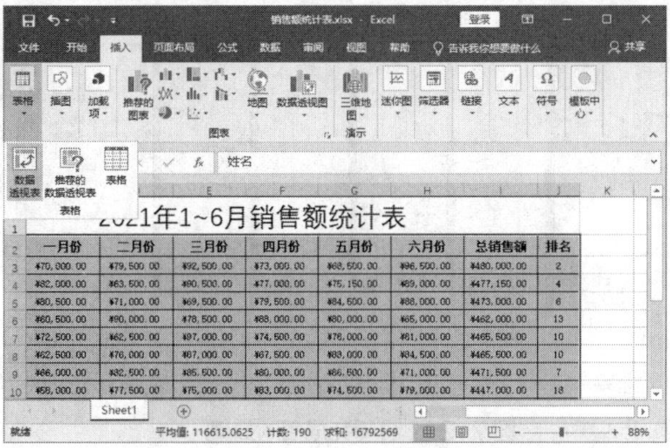

图 7-22　单击“数据透视表”

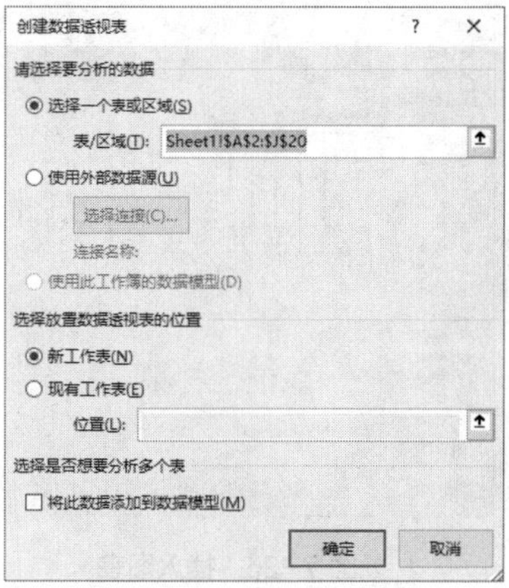

图 7-23　设置数据透视表的放置位置

（3）此时 Excel 2019 将新建一张工作表，并在其中显示空白数据透视表，右侧显示“数据透视表字段”窗格。

（4）在“数据透视表字段”窗格中将“门店”字段拖动到“筛选”下拉列表中，数据表中将自动添加筛选字段，然后用同样的方法将“姓名”字段拖动到“行”下拉列表中；将“一月份”“二月份”“三月份”“四月份”“五月份”“六月份”“总销售额”字段拖到“值”下拉列表中，如图 7-24 所示。

（5）在创建好的数据透视表中单击“门店”字段后的下拉按钮，在打开的下拉列表中选择“荔城店”选项，如图 7-25 所示，单击 确定 按钮，即可在表格中显示荔城店所有员工的数据汇总信息。

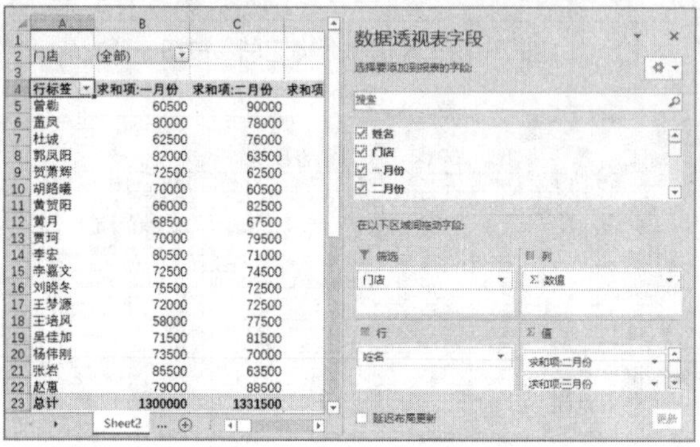

图 7-24　添加数据透视表字段

图 7-25　对汇总结果进行筛选

5. 创建数据透视图

微课：创建数据透视图

下面将在“销售额统计表.xlsx”工作簿中创建数据透视图。

（1）当完成数据透视表的创建后，单击“数据透视表工具-分析”/“工具”组中的“数据透视图”按钮，打开“插入图表”对话框。

（2）在左侧的列表中单击“柱形图”，在右侧列表中选择“簇状柱形图”，单击 确定 按钮，如图 7-26 所示，即可在数据透视表的工作表中添加数据透视图。

（3）选择数据透视图，将其移动到数据透视表的下方，然后调整数据透视图大小，完成后保存工作簿，如图 7-27 所示（配套资源:\效果文件\项目七\销售额统计表（数据透视图）.xlsx）。

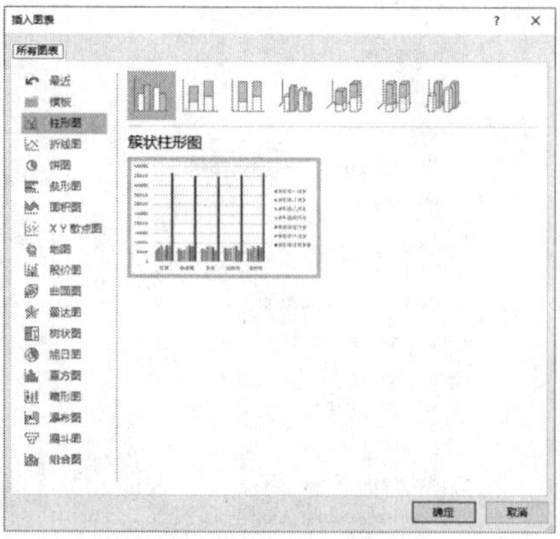

图 7-26　插入图表

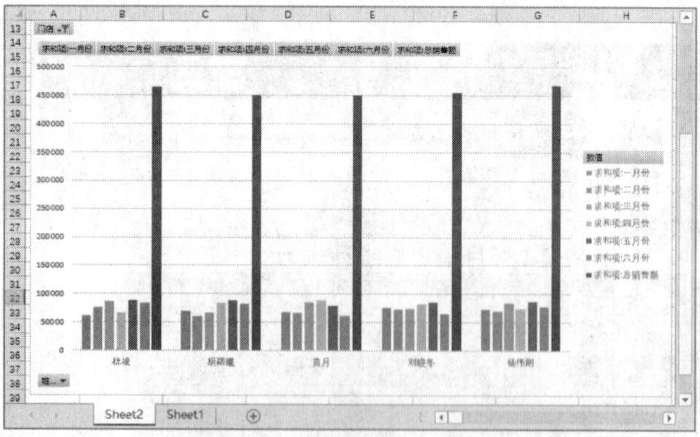

图 7-27　查看完成后的效果

实验三　制作“产品产量表”工作簿

（一）实验目的

- 掌握创建与编辑图表的操作方法。
- 能够使用趋势线分析图表。
- 熟悉插入迷你图的操作方法。

（二）实验内容

1. 创建图表

下面将在“产品产量表.xlsx”工作簿中创建“簇状柱形图”图表。

（1）打开“产品产量表.xlsx”工作簿（配套资源:\素材文件\项目七\产品产量表.xlsx），选择 A3:E9 单元格区域，在“插入”/“图表”组中单击“插入柱形图或条形图”按钮，在打开的下拉列表的“二维柱形图”栏中选择“簇状柱形图”选项，如图 7-28 所示。

微课：创建图表

（2）此时 Excel 2019 在当前工作表中创建一个柱形图，图中显示了不同区域不同年份的值。将鼠标指针移动到图中的某一系列，可查看该系列对应的数量值。

（3）在“图表工具-设计”/“位置”组中单击“移动图表”按钮，打开“移动图表”对话框，单击选中“新工作表”单选按钮，在后面的文本框中输入工作表的名称，这里输入“产品产量图”文本，单击确定按钮，如图 7-29 所示。

（4）此时图表将移动到新工作表中，同时图表将自动调整为适合工作表区域的大小。

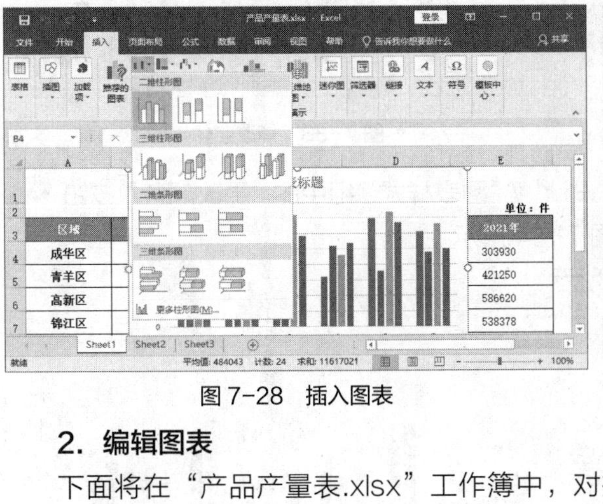

图 7-28　插入图表

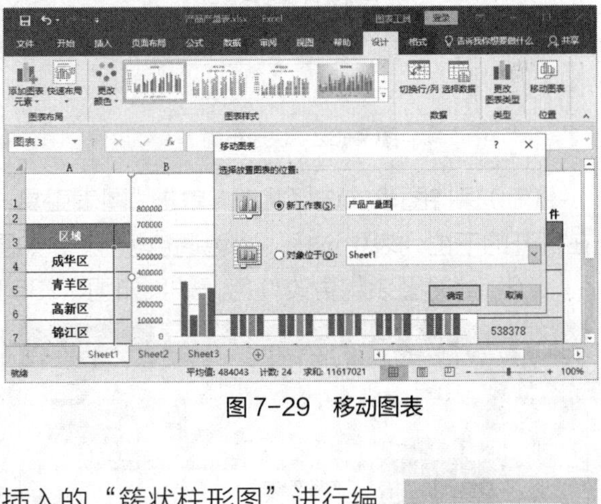

图 7-29　移动图表

2. 编辑图表

下面将在“产品产量表.xlsx”工作簿中，对插入的“簇状柱形图”进行编辑，包括更改图表类型、更改图表布局、设置图表格式等。

微课：编辑图表

（1）选择创建好的图表，单击“图表工具-设计”/“类型”组中的“更改图表类型”按钮，打开“更改图表类型”对话框，在左侧的列表中单击“柱形图”，在右侧列表中选择第二个柱形图选项，如图 7-30 所示。

（2）单击 确定 按钮，更改所选图表的类型后，图表中展现的数据并不会发生变化，如图 7-31 所示。

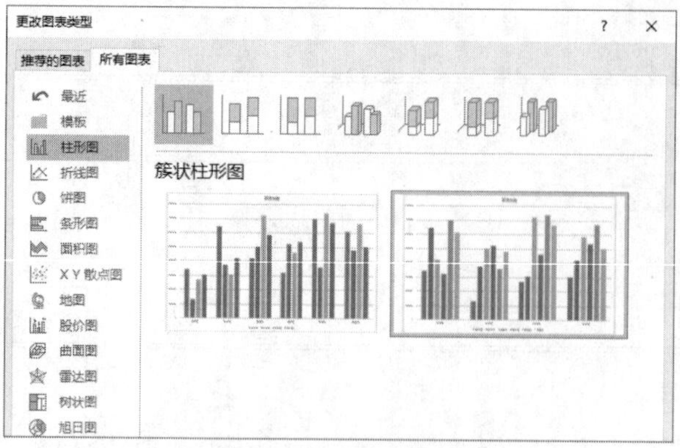

图 7-30 选择柱形图

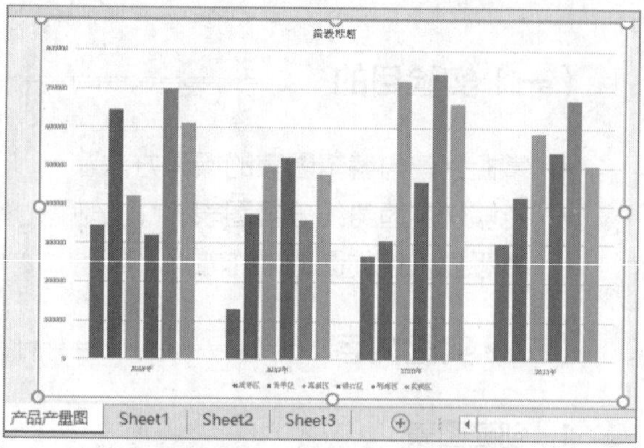

图 7-31 查看更改后的效果

（3）在“图表工具-设计”/“图表布局”组中单击“快速布局”按钮，在打开的下拉列表中选择“布局 3”，如图 7-32 所示。

（4）选择图表，修改文字为“产品产量图”，在“开始”/“字体”组中设置图表中文本的字体为“方正准圆_GBK”，然后增加字号，使整个效果更加美观，如图 7-33 所示。

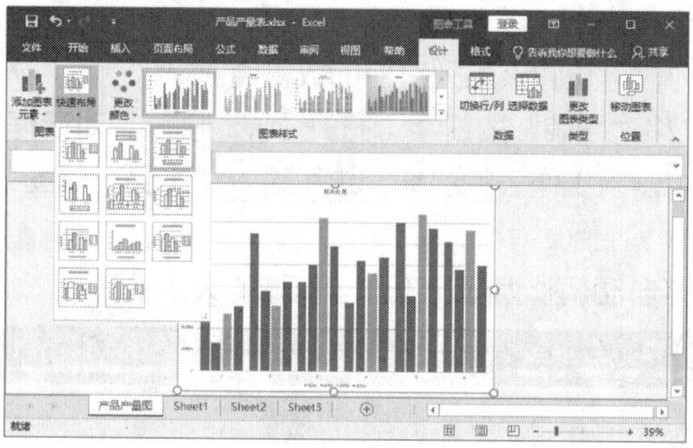

图 7-32 快速布局

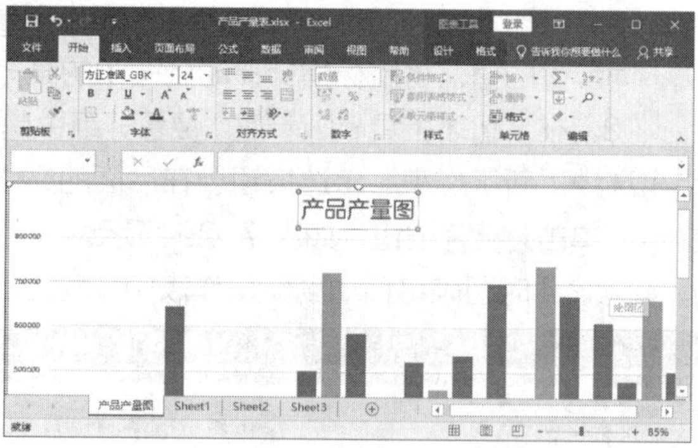

图 7-33 修改字体

（5）保持图表的选择状态，单击“图表工具-设计”/“图表样式”组中的“更改颜色”按钮，在打开的下拉列表中选择“彩色调色板 2”，如图 7-34 所示。

（6）此时图表将更改颜色，效果如图 7-35 所示。

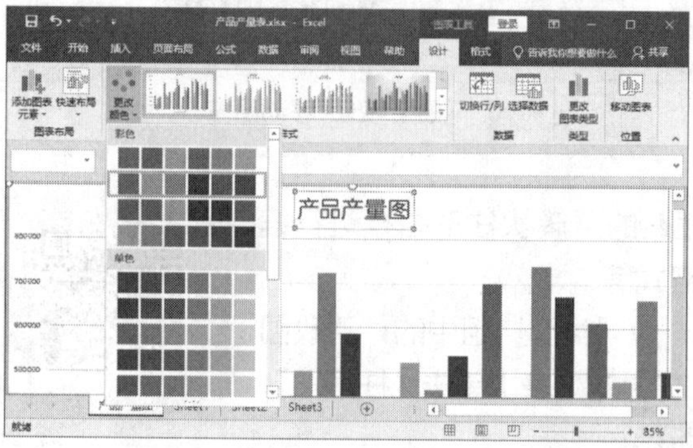

图 7-34 更改颜色

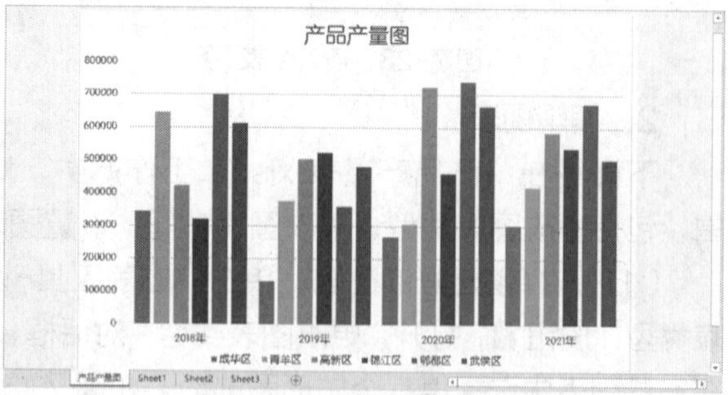

图 7-35 更改颜色后的效果

3. 使用趋势线

下面将在“产品产量表.xlsx”工作簿中，为图表中的“郫都区”数据系列添加趋势线。

微课：使用趋势线

（1）在图表中选择“郫都区”数据系列，在“图表工具-设计”/“图表布局”组中单击“添加图表元素”按钮，在打开的下拉列表中选择“趋势线”/“线性”选项。

（2）返回图表，可发现图表中“郫都区”数据系列上方已经添加了趋势线，效果如图 7-36 所示。

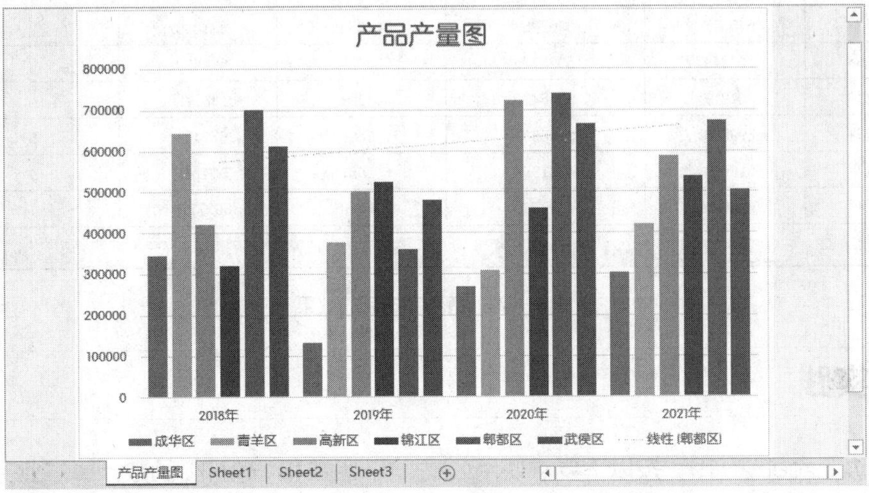

图 7-36　为图表添加趋势线

4. 插入迷你图

下面将在“产品产量表.xlsx”工作簿中，添加迷你图来分析数据。

微课：插入迷你图

（1）切换到“Sheet1”工作表，选择 F4 单元格，在“插入”/“迷你图”组中单击“折线”按钮，打开“创建迷你图”对话框，在“选择所需数据”栏的“数据范围”文本框中输入数据区域“B4:E4”，如图 7-37 所示，单击 确定 按钮即可看到插入的迷你图。

（2）选择 F4 单元格，在“迷你图工具-设计”/“显示”组中单击选中“高点”和“低点”复选框，在“迷你图工具-设计”/“样式”组中单击“标记颜色”按钮，在打开的下拉列表中选择“高点”/“红色”，如图 7-38 所示。

图 7-37　插入迷你图

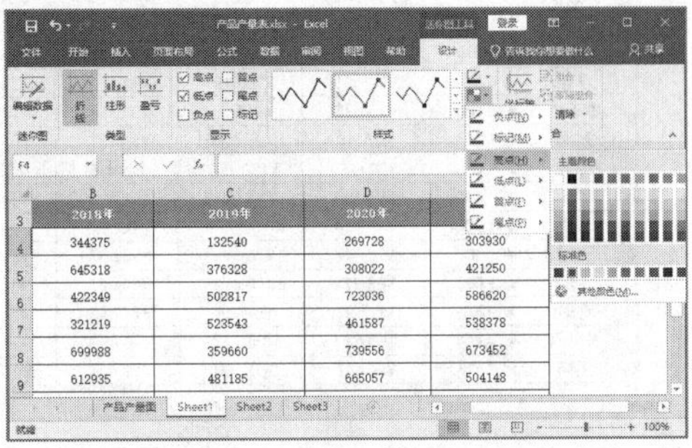

图 7-38　设置迷你图标记颜色

（3）使用相同的方法将低点标记颜色设置为“绿色”，向下拖动 F4 单元格右下角的控制柄，为其他区域添加迷你图。

（4）然后修改列单元格样式，使其与前面单元格样式相同，参考效果如图 7-39 所示（配套资源:\效果文件\项目七\产品产量表.xlsx）。

产品产量表					
				单位：件	
区域	2018年	2019年	2020年	2021年	迷你图
成华区	344375	132540	269728	303930	
青羊区	645318	376328	308022	421250	
高新区	422349	502817	723036	586620	
锦江区	321219	523543	461587	538378	
郫都区	699988	359660	739556	673452	
武侯区	612935	481185	665057	504148	
合计	3046184	2376073	3166986	3027778	

图 7-39　查看完成后的效果

综合实践

（1）启动 Excel 2019，按以下要求使用公式、IF 函数和 RANK 函数计算“业务员绩效考核表.xlsx”工作簿中的相关数据，效果如图 7-40 所示（配套资源:\素材文件\项目七\业务员绩效考核表.xlsx）。

① 使用公式计算“任务完成率”列、“评分”列、“销售增长率”列、“回款完成率”列中的相关数据。

② 使用 IF 函数计算“评语”列和“绩效奖金”列中的相关数据。

③ 使用 RANK 函数计算“奖金排名”列中的相关数据。

业务员绩效考核表

姓名	上月销售额	本月任务	本月销售额	计划回款额	实际回款额	任务完成率	评分	销售增长率	评语	回款完成率	评分	绩效奖金	奖金排名
郭昱瑞	¥73,854	¥54,632	¥80,936	¥53,620	¥96,112	148.1%	148	9.6%	优秀	179.2%	179.2	¥2,627	1
赵子俊	¥56,655	¥96,112	¥97,123	¥55,644	¥77,901	101.1%	101	71.4%	优秀	140.0%	140	¥2,344	2
李全友	¥88,018	¥56,655	¥89,030	¥53,620	¥76,889	157.1%	157	1.1%	良好	143.4%	143.4	¥2,263	3
王晓涵	¥73,854	¥54,632	¥85,995	¥71,831	¥87,006	157.4%	157	16.4%	优秀	121.1%	121.1	¥2,212	4
杜海强	¥58,679	¥51,597	¥61,714	¥55,644	¥91,053	119.6%	120	5.2%	优秀	163.6%	163.6	¥2,163	5
张嘉轩	¥89,030	¥53,620	¥74,866	¥56,655	¥97,123	139.6%	140	-15.9%	差	171.4%	171.4	¥2,094	6
张晓伟	¥54,632	¥60,702	¥65,761	¥76,869	¥92,065	108.3%	108	20.4%	优秀	119.7%	119.7	¥1,863	7
邓超	¥70,819	¥64,749	¥83,971	¥94,088	¥88,018	129.7%	130	18.6%	优秀	93.5%	93.55	¥1,814	8
李琼	¥76,889	¥59,690	¥70,819	¥70,819	¥91,053	118.6%	119	-7.9%	合格	128.6%	128.6	¥1,795	9
罗玉林	¥90,041	¥75,878	¥91,053	¥91,053	¥101,170	120.0%	120	1.1%	良好	111.1%	111.1	¥1,742	10
刘梅	¥91,053	¥77,901	¥93,076	¥51,597	¥56,655	119.5%	119	2.2%	良好	109.8%	109.8	¥1,736	11
周羽	¥91,053	¥94,088	¥100,158	¥56,655	¥62,725	106.5%	106	10.0%	优秀	110.7%	110.7	¥1,704	12
刘红芳	¥59,690	¥95,100	¥84,983	¥94,088	¥88,018	89.4%	89	42.4%	优秀	93.5%	93.55	¥1,690	13
宋科	¥84,983	¥79,924	¥100,158	¥100,158	¥69,807	125.3%	125	17.9%	优秀	69.7%	69.7	¥1,597	14
宋万	¥95,100	¥99,147	¥76,889	¥57,667	¥97,123	77.6%	78	-19.1%	差	168.4%	168.4	¥1,558	15
王超	¥53,620	¥83,971	¥58,679	¥69,807	¥80,936	69.9%	70	9.4%	优秀	115.9%	115.9	¥1,464	16
张丽丽	¥69,807	¥51,597	¥61,714	¥72,842	¥65,761	119.6%	120	-11.6%	差	90.3%	90.28	¥1,400	17
孙洪伟	¥77,901	¥53,620	¥63,737	¥76,889	¥73,854	118.9%	119	-18.2%	差	96.1%	96.05	¥1,339	18
王翔	¥97,123	¥99,147	¥95,100	¥69,807	¥50,585	95.9%	96	-2.1%	合格	72.5%	72.46	¥1,247	19

图 7-40 “业务员绩效考核表”工作簿

（2）在“季度销售数据汇总表.xlsx”工作簿中按以下要求分别创建数据透视表和数据透视图，参考效果如图 7-41 所示（配套资源:\素材文件\项目七\季度销售数据汇总表.xlsx）。

① 打开素材文件“季度销售数据汇总表.xlsx”，在工作表中选择数据区域创建数据透视表并将其存放到新的工作表中。

② 添加相应的字段，并将“销售区域”和“产品名称”字段移动到“筛选”下拉列表中。

③ 根据数据透视表创建“堆积折线图”数据透视图，并调整数据透视图的位置和大小，设置数据透视图样式为“样式 3”，完成后将存放数据透视图表的工作表重命名为“数据透视图表”（配套资源:\效果文件\项目七\季度销售数据汇总表.xlsx）。

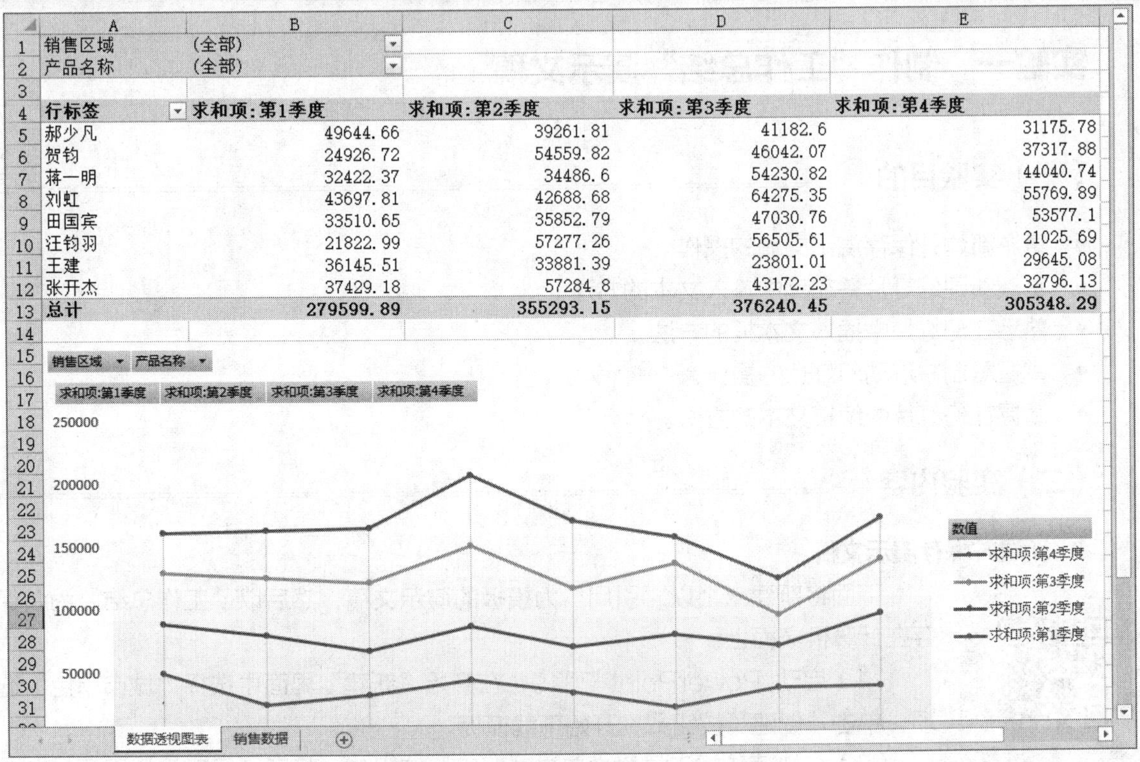

	A	B	C	D	E
1	销售区域	(全部)			
2	产品名称	(全部)			
3					
4	行标签	求和项:第1季度	求和项:第2季度	求和项:第3季度	求和项:第4季度
5	郝少凡	49644.66	39261.81	41182.6	31175.78
6	贺钧	24926.72	54559.82	46042.07	37317.88
7	蒋一明	32422.37	34486.6	54230.82	44040.74
8	刘虹	43697.81	42688.68	64275.35	55769.89
9	田国宾	33510.65	35852.79	47030.76	53577.1
10	汪钧羽	21822.99	57277.26	56505.61	21025.69
11	王建	36145.51	33881.39	23801.01	29645.08
12	张开杰	37429.18	57284.8	43172.23	32796.13
13	总计	279599.89	355293.15	376240.45	305348.29

图 7-41 “季度销售数据汇总表”工作簿

项目八 制作演示文稿

08

实验一 制作“工作总结”演示文稿

（一）实验目的

- 掌握新建并保存演示文稿的操作。
- 掌握新建幻灯片并在其中输入文本的方法。
- 熟悉在幻灯片中插入文本框的方法。
- 掌握复制并移动幻灯片的操作。
- 掌握在幻灯片中编辑文本的方法。

（二）实验内容

1. 新建并保存演示文稿

微课：新建并保存演示文稿

下面将新建一个以“引用”为模板的演示文稿，然后以“工作总结”为名保存在计算机桌面上。

（1）启动 PowerPoint 2019，在开始“新建”界面中选择“城市单色”选项，单击“创建”按钮，开始下载模板。

（2）在快速访问工具栏中单击“保存”按钮，打开“另存为”界面，在其中选择保存位置为“这台电脑”选项中的“桌面”选项，打开“另存为”对话框，在“文件名”文本框中输入“工作总结”文本，在“保存类型”下拉列表中选择“PowerPoint 演示文稿.pptx”选项，单击 保存(S) 按钮。

2. 新建幻灯片并输入文本

微课：新建幻灯片并输入文本

下面将制作 2 张幻灯片。首先在标题幻灯片中输入主标题和副标题文本，然后新建第 2 张幻灯片，其版式为“内容和标题”，再在各占位符中输入目录内容。

（1）新建的演示文稿有一张标题幻灯片，在“单击此处添加标题”占位符中单击，其中的文字将自动消失，切换到中文输入法输入“工作总结”文本。

（2）在“单击此处添加副标题”占位符中单击，然后输入“2021 年度张鹏”文本，如图 8-1 所示。

（3）在幻灯片浏览窗格中选择标题幻灯片，在“开始”/“幻灯片”组中单击“新建幻灯片”按钮下方的下拉按钮，在打开的下拉列表中选择“标题和内容”选项，新建一张“标题和内容”

版式的幻灯片。

（4）在各占位符中输入如图 8-2 所示的文本，完成第 2 张幻灯片的制作。

图 8-1　制作标题幻灯片

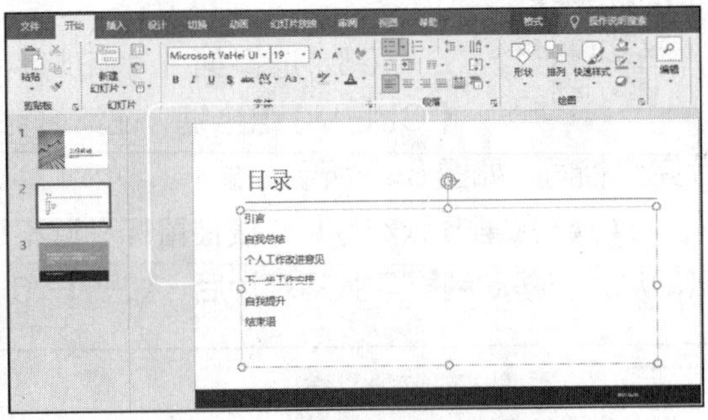

图 8-2　制作第二张幻灯片

3. 插入文本框

下面将制作第 3 张幻灯片，新建一张版式为“标题和内容”的幻灯片，在占位符中输入内容，再在幻灯片右下角插入一个横排文本框，在其中输入文本内容。

微课：插入文本框

（1）在幻灯片浏览窗格中选择第 2 张幻灯片，在“开始”/“幻灯片”组中单击“新建幻灯片”按钮下方的下拉按钮，在打开的下拉列表中选择“标题和内容”选项，新建一张幻灯片，如图 8-3 所示。

（2）在标题占位符中输入“引言”文本，在“引言”文本下的文本占位符中输入相应的文本内容，在“插入”/“文本”组中单击“文本框”按钮下方的下拉按钮，在打开的下拉列表中选择“绘制横排文本框”选项。

（3）此时鼠标指针呈形状，移动鼠标指针到幻灯片右下角，按住鼠标左键从左向右拖动绘制横排文本框，输入“感恩，成长”文本，如图 8-4 所示。

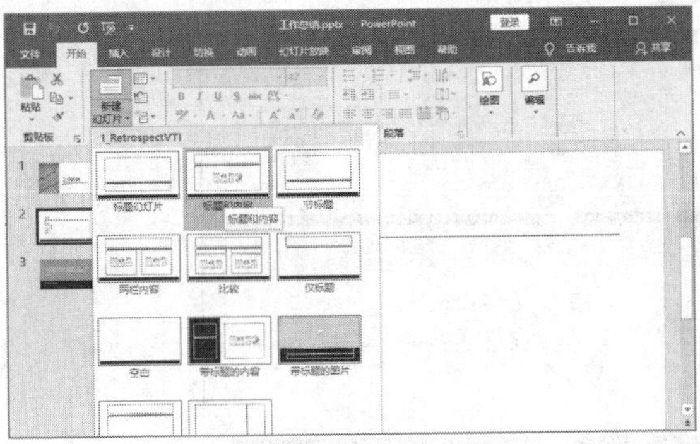

图 8-3　新建幻灯片

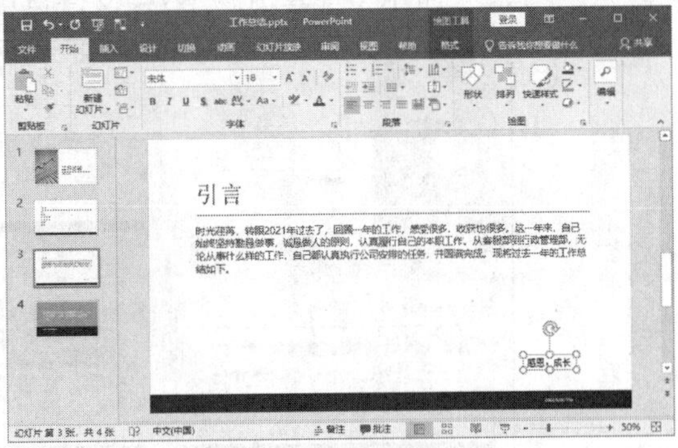

图 8-4　插入文本框

4. 复制并移动幻灯片

下面将制作第 4 到 8 张幻灯片，首先新建 4 张版式为“标题和内容”的幻灯片，然后分别在其中输入需要的内容，再复制第 1 张幻灯片并将其移动到最后，最后调整第 5 张幻灯片的位置到第 7 张后，具体操作如下。

微课：复制并移动幻灯片

（1）在幻灯片浏览窗格中选择第 3 张幻灯片，按【Enter】键 4 次，新建 4 张幻灯片。

（2）分别在第 4～8 张幻灯片的标题占位符和文本占位符中输入相应的内容。

（3）选择第 1 张幻灯片，按【Ctrl+C】组合键，选择第 8 张幻灯片，按【Ctrl+V】组合键，在第 8 张幻灯片后新增加一张幻灯片，其内容与第 1 张幻灯片完全相同，如图 8-5 所示。

（4）选择第 5 张幻灯片，按住鼠标左键不放，将其拖动到第 7 张幻灯片后释放鼠标左键，第 5 张幻灯片将移动到第 7 张幻灯片后，如图 8-6 所示。

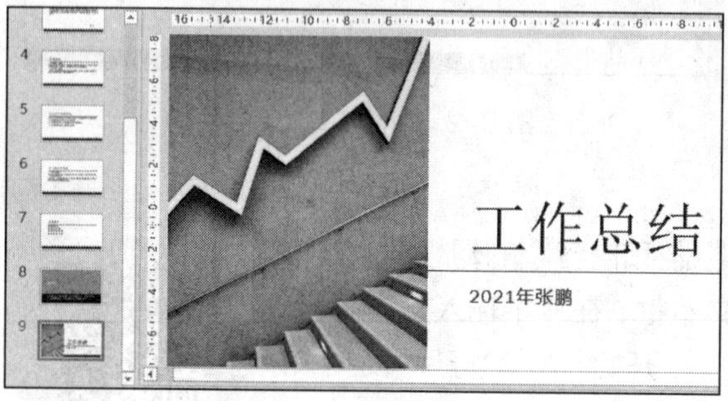

图 8-5　复制幻灯片

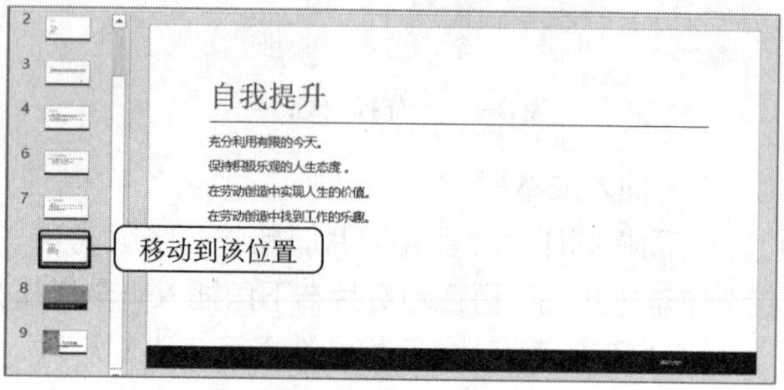

图 8-6　移动幻灯片

5. 编辑文本

微课：编辑文本

下面在第 9 张幻灯片中修改标题文本，再删除副标题文本。

（1）选择第 9 张幻灯片，将原来的标题文本“工作总结”修改为“谢谢”。

（2）选择副标题文本，按【Delete】键或【BackSpace】键删除，然后再次选择副标题占位符，按【Delete】键将其删除，完成制作，效果如图 8-7 所示（配套资源:\效果文件\项目八\工作总结.pptx）。

图 8-7　查看完成后的效果

实验二　制作“产品调查报告”演示文稿

（一）实验目的

- 掌握插入并编辑艺术字和 SmartArt 图形的操作方法。
- 掌握插入并编辑形状和图片的操作方法。
- 熟悉插入并编辑表格和图表的操作方法。
- 熟悉插入媒体文件的操作方法。

（二）实验内容

1. 插入并编辑艺术字和 SmartArt 图形

下面在“产品调查报告.pptx”演示文稿中插入并编辑艺术字和 SmartArt 图形。

微课：插入并编辑艺术字和 SmartArt 图形

（1）打开素材文件“产品调查报告.pptx”，选择第 1 张幻灯片，在“插入”/“文本”组中单击“艺术字”按钮，在打开的下拉列表中选择“填充：黑色，文本色 1：阴影”。此时在幻灯片中将出现一个“请在此放置您的文字”的文本框，将该文本修改为“产品调查报告”，并设置字体为“方正兰亭中黑简体”，移动艺术字文本框的位置。

（2）在“绘图工具-格式”/“艺术字样式”组中单击“文本填充”按钮，在打开的下拉列表的“标准色”栏中选择“蓝色”选项，效果如图 8-8 所示。

（3）选择第 2 张幻灯片，在“插入”/“插图”组中单击“SmartArt”按钮。打开“选择 SmartArt 图形”对话框，单击“列表”，在中间的列表中选择“垂直图片重点列表”，然后单击 确定 按钮，如图 8-9 所示。

图 8-8　插入艺术字效果

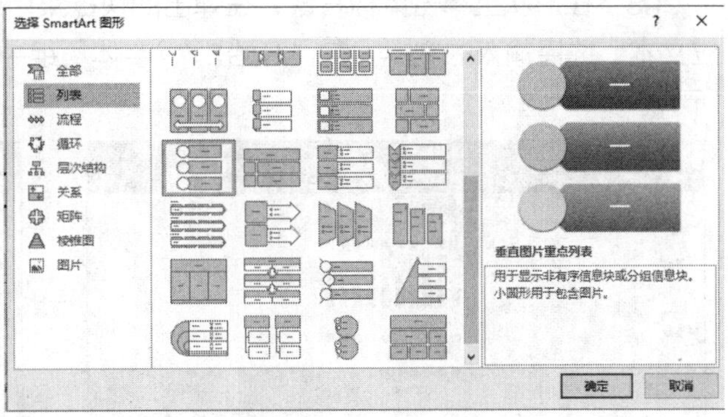

图 8-9　选择 SmartArt 图形

（4）系统将在幻灯片中插入一个列表样式的 SmartArt 图形，在“SmartArt 工具-设计”/“创建图形”组中单击“添加形状”按钮右侧的下拉按钮，在打开的下拉列表中选择“在后面添加形状”选项，此时 SmartArt 图形中将添加一个形状，如图 8-10 所示。

（5）在“SmartArt 工具-设计”/“创建图形”组中单击“文本窗格”按钮，在打开的“在此处键入文字”窗格中依次输入“文具的类别”“文具的品牌”“文具的价格”“文具的款式”文本，并设置文本字体为“方正兰亭中黑简体”。

（6）选择 SmartArt 图形，在“SmartArt 工具-格式”/“大小”组的“高度”数值框中输入“11 厘米”，“宽度”数值框中输入“18 厘米”，使用鼠标拖动图形，调整其位置。

（7）在“SmartArt 工具-设计”/“SmartArt 样式”组中单击“更改颜色”按钮，在打开的下拉列表的“彩色”栏中选择“彩色-个性色”，如图 8-11 所示。

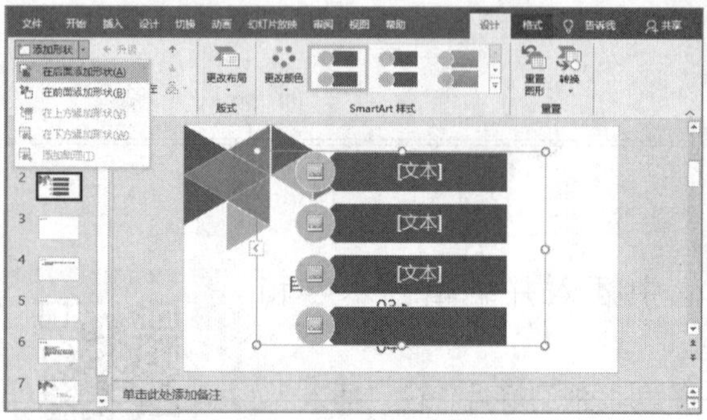

图 8-10　添加形状

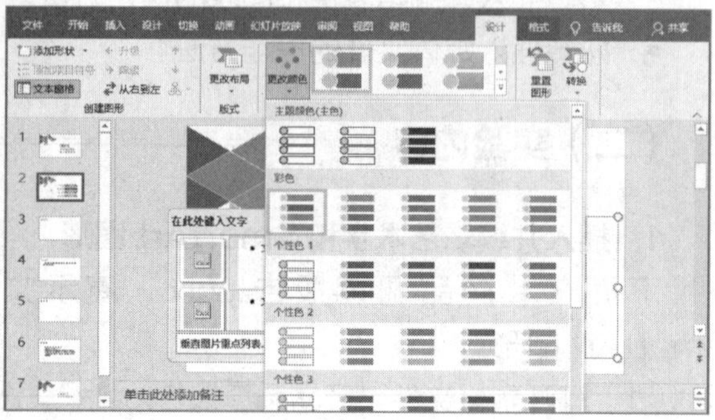

图 8-11　更改颜色

2. 插入并编辑形状和图片

微课：插入并编辑形状和图片

下面在“产品调查报告.pptx”演示文稿中插入并编辑形状和图片。

（1）选择第 3 张幻灯片，在“插入”/“插图”组中单击“形状”按钮，在打开的下拉列表的“矩形”栏中选择“矩形：圆角”。当鼠标指针变成 ＋ 形状时，按住鼠标左键从左向右拖动鼠标绘制圆角矩形，释放鼠标左键即可完成圆角矩形的绘制。

（2）在“绘图工具-格式”/“形状样式”组中单击“形状填充”按钮，在打开的下拉列表中选择“蓝-灰，个性色 4”选项，设置形状颜色，如图 8-12 所示。

（3）在形状上单击鼠标右键，在弹出的快捷菜单中选择“编辑文字”命令，然后在其中输入相应文本。选择输入的文本，在“开始”/“字体”组中设置其字体格式为“等线、24”，如图 8-13 所示。

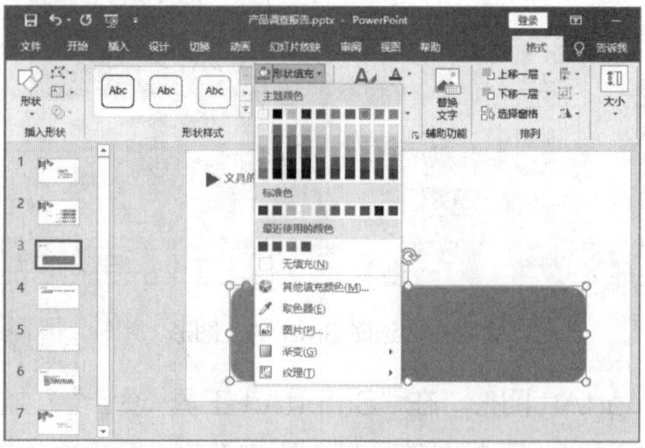

图 8-12　绘制形状并更改颜色

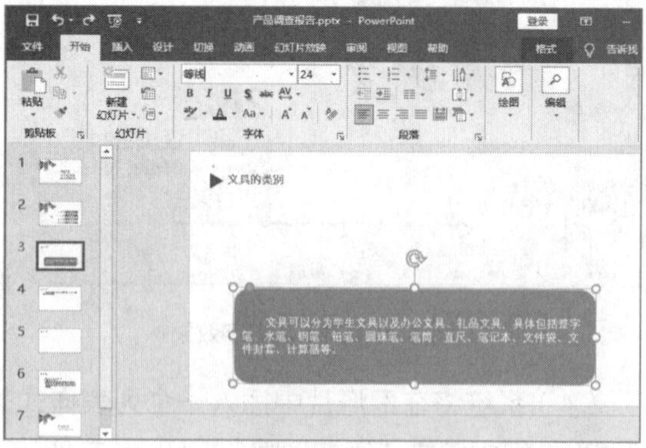

图 8-13　编辑文字

（4）在“插入”/“图像”组中单击“图片”按钮，打开“插入图片”对话框，选择素材文件“图片1.jpg”“图片2.jpg”，单击 插入(S) 按钮，如图8-14所示。

（5）在“图片工具-格式”/“大小”组中的“高度”数值微调框中输入“7厘米”，按【Enter】键确认更改图片大小，并移动图片位置。同时选择2张图片，在“图片工具-格式”/“图片样式”组中的“快速样式”列表框中设置图片样式为“棱台矩形”，效果如图8-15所示。

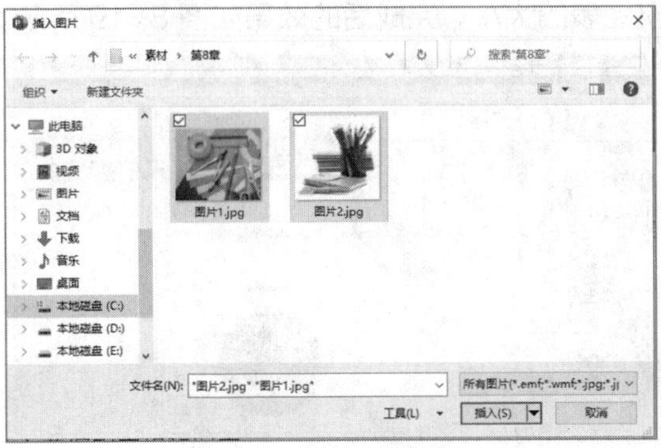
图8-14　添加图片

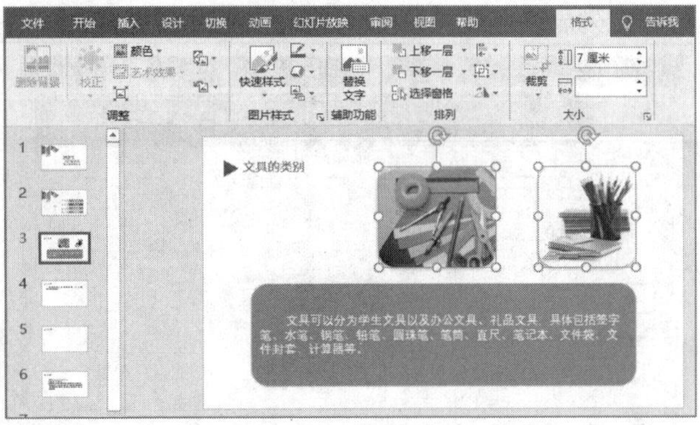
图8-15　设置大小和样式

3. 插入并编辑表格和图表

下面在“产品调查报告.pptx”演示文稿中插入并编辑表格和图表。

微课：插入并编辑表格和图表

（1）选择第5张幻灯片，在“插入”/“表格”组中单击“表格”按钮，在打开的下拉列表中选择“插入表格”选项，打开“插入表格”对话框，在“列数”数值框和“行数”数值框中分别输入“3”和“6”，单击 确定 按钮。

（2）在“表格工具-布局”/“表格尺寸”组中的“高度”数值框和“宽度”数值框中分别输入“10 厘米”“26 厘米”，按【Enter】键更改表格大小。选择第一行表格，在“表格工具-布局”/“合并”组中单击“合并单元格”按钮，如图8-16所示。

（3）在单元格中输入文本。选择整个表格，在“表格工具-布局”/“对齐方式”组中单击“居中”按钮和“垂直居中”按钮，使文本居中对齐。

（4）选择第一行文本，在“开始”/“字体”组中设置其字体格式为“黑体、24、加粗”，设置其余文本字体格式为“等线、20”，效果如图8-17所示。

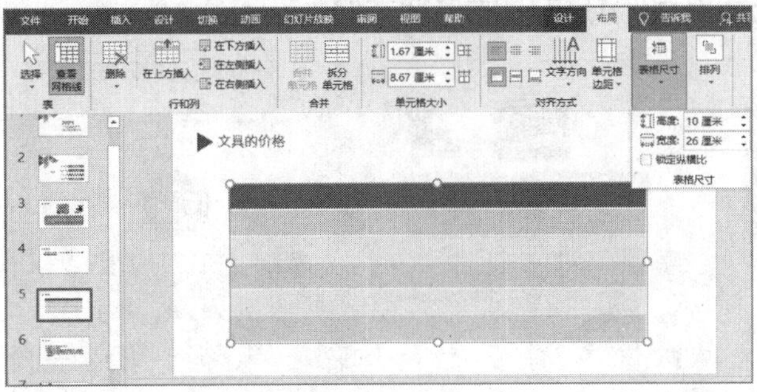
图8-16　合并单元格

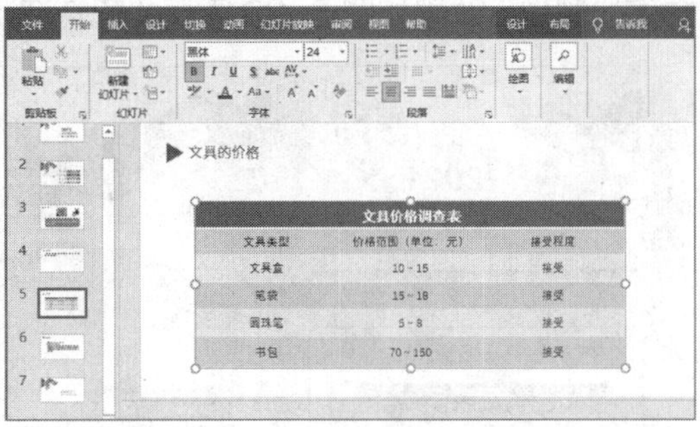
图8-17　输入文本并设置字体格式

（5）选择第4张幻灯片，在“插入”/“插图”组中单击“图表”按钮，打开“插入图表”对话框，在左侧单击“饼图”选项卡，在中间的列表中选择“饼图”，然后单击 确定 按钮。

（6）此时将打开 Excel 2019 工作界面，在其中的工作表中编辑图表中的数据，如图 8-18 所示，完成后关闭 Excel 2019。

（7）返回到 PowerPoint 2019 工作界面中，幻灯片中将根据编辑数据自动创建一个图表。在“图表工具-设计”/“图表样式”组中单击“快速样式”按钮，在打开的下拉列表中选择“样式 9”选项，设置图表样式。在“图表工具-设计”/“图表布局”组中单击“快速布局”按钮，在打开的下拉列表中选择“布局 6”选项应用布局样式。调整图表的大小，完成后的效果如图 8-19 所示。

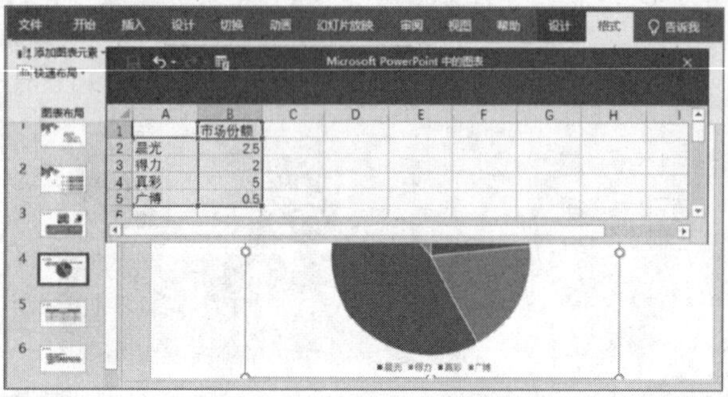

图 8-18 输入图表数据

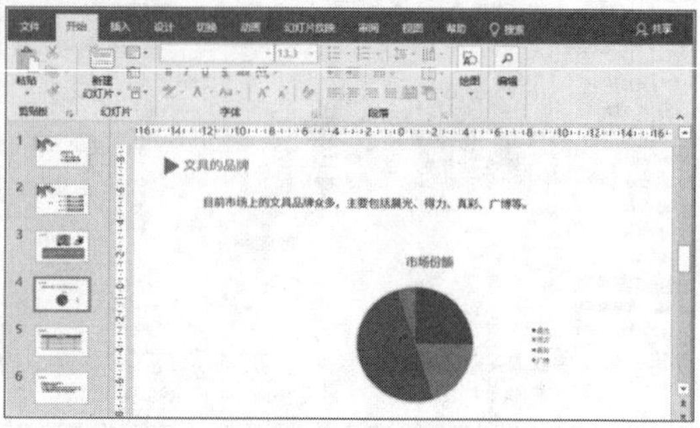

图 8-19 设置图表样式与布局

4. 插入媒体文件

微课：插入媒体文件

下面将在演示文稿中插入一个音频文件，并设置该音乐跨幻灯片循环播放，以及在放映幻灯片时不显示声音图标。

（1）选择第 1 张幻灯片，在“插入”/“媒体”组中单击“音频”按钮，在打开的下拉列表中选择“PC 上的音频”选项。

（2）打开“插入音频”对话框，在上方的地址栏中选择背景音乐的存放位置，然后选择“背景音乐.mp3”音频文件（配套资源:\素材文件\项目八\背景音乐.mp3），单击 插入(S) 按钮。

（3）PowerPoint 2019 自动在幻灯片中插入一个声音图标。选择该声音图标，将激活音频工具，在“音频工具-播放”/“预览”组中单击“播放”按钮，即在幻灯片中播放插入的音乐。

（4）在“音频工具-播放”/“音频选项”组，单击选中“放映时隐藏”“跨幻灯片播放”“循环播放，直到停止”复选框，在“开始”下拉列表中选择“自动”选项，完成后保存。完成整个演示文稿的制作，效果如图 8-20 所示（配套资源:效果文件\项目八\产品调查报告.pptx）。

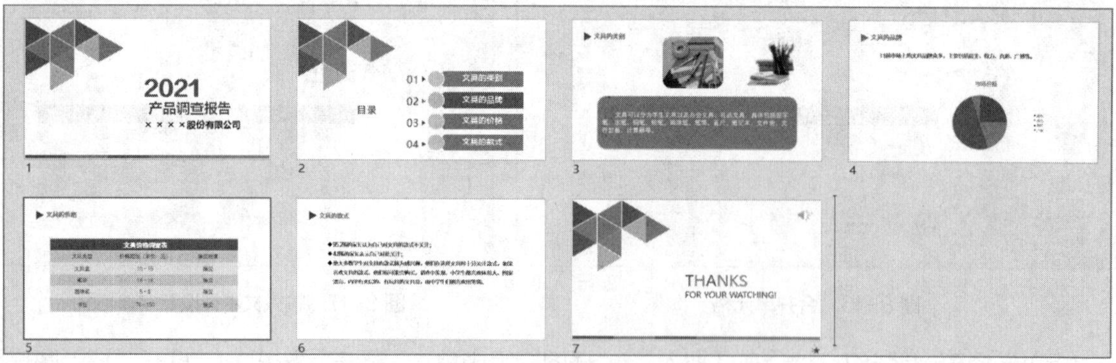

图 8-20 查看完成后的效果

综合实践

（1）打开“年终销售总结.pptx”演示文稿，按以下要求进行操作，完成后效果如图 8-21 所示。

① 打开素材文件“年终销售总结.pptx”（配套资源:\素材文件\项目八\年终销售总结.pptx），在第 1 张幻灯片中插入艺术字样式“填充：黑色，文本色 1：阴影”，输入“××公司”文本，设置字体为“思源黑体 CN Normal”，调整其位置。

② 选择第 2 张幻灯片，在其中插入 SmartArt 图形“分段循环”，输入文本并设置颜色为“彩色范围-个性色 2 至 3”，样式为“强烈效果”。

③ 在第 3 张幻灯片中插入图表“三维簇状柱形图”，输入数据并设置颜色为“彩色调色板 3”，样式为“样式 11”。

④ 在第 5 张幻灯片中插入一个 9 行 7 列的表格，输入数据后调整表格大小，并设置表格样式为“中度样式 3-强调 2”，设置单元格文本“居中”和“垂直居中”，表格“水平居中”。

⑤ 在第 7 张幻灯片中插入“矩形”，并填充图片“图片 4.jpg”，添加阴影样式“内部：中”，设置艺术效果“纹理化”，裁剪为形状“星形：六角”。

⑥ 选择第 8 张幻灯片，插入图片“图片 5.jpg”，设置艺术效果为“十字图案蚀刻”，并设置“重新着色”为“浅灰色，背景颜色 2 浅色”（配套资源:\效果文件\项目八\年终销售总结.pptx）。

图 8-21 “年终销售总结”演示文稿

（2）本练习中制作完成的“入职培训”演示文稿的参考效果如图 8-22 所示。

① 打开“入职培训”演示文稿（配套资源:\素材文件\项目八\入职培训.pptx），新建一张版式为“内容和标题”的幻灯片，单击标题占位符和内容占位符输入相应的文本，并对其字体格式进行

设置，然后插入“1.jpg”图片。

② 再新建一张版式为“内容和标题”的幻灯片，单击标题占位符和内容占位符，输入相应的文本，插入“流程箭头”SmartArt 图形，设置图形样式为“简单填充”，颜色为“彩色范围-个性色 3 至 4”，调整图形大小。

③ 使用新建第 1 张幻灯片的方法新建第 4 张、第 5 张和第 6 张幻灯片，输入相应的文本，设置字体格式，分别插入“2.jpg”“3.png”“4.jpg”图片并设置样式。

④ 新建第 7 张幻灯片，在其中输入相应的文本，然后绘制一个正圆形状，取消轮廓，设置填充色，最后复制两个正圆，调整大小和位置，设置填充颜色。

⑤ 新建第 8 张幻灯片，输入文本，插入“5.png”图片。然后复制首页幻灯片并修改文本（配套资源:\效果文件\项目八\入职培训.pptx）。

图 8-22 “入职培训”演示文稿

项目九 设置并放映演示文稿

09

实验一　制作“职位职责”演示文稿

（一）实验目的

- 掌握应用幻灯片主题的操作方法。
- 熟悉设置幻灯片背景的方法。
- 掌握制作并使用幻灯片母版的操作方法。
- 掌握设置幻灯片切换动画的方法。
- 掌握设置幻灯片动画效果的方法。

（二）实验内容

1. 应用幻灯片主题

下面将打开“职位职责.pptx”演示文稿，应用“红利”主题，设置颜色为“蓝色暖调”，效果为“细微固体”。

微课：应用幻灯片主题

（1）打开“职位职责.pptx”演示文稿（配套资源:\素材文件\项目九\职位职责.pptx），选择“设计”/“主题”组，在中间的列表框中选择“红利”选项，为该演示文稿应用“红利”主题。

（2）选择“设计”/“变体”组，单击“其他”按钮，在打开的下拉列表中选择“颜色”/“蓝色暖调”选项，如图 9-1 所示。

（3）选择“设计”/“变体”组，单击“其他”按钮，在打开的下拉列表中选择“效果”/“细微固体”，如图 9-2 所示。

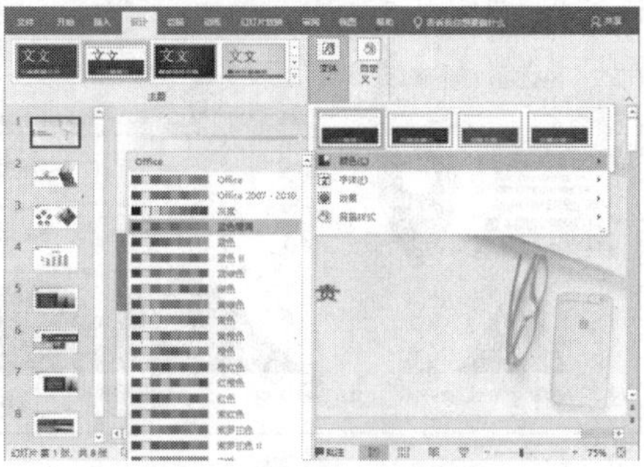

图 9-1　选择主题颜色

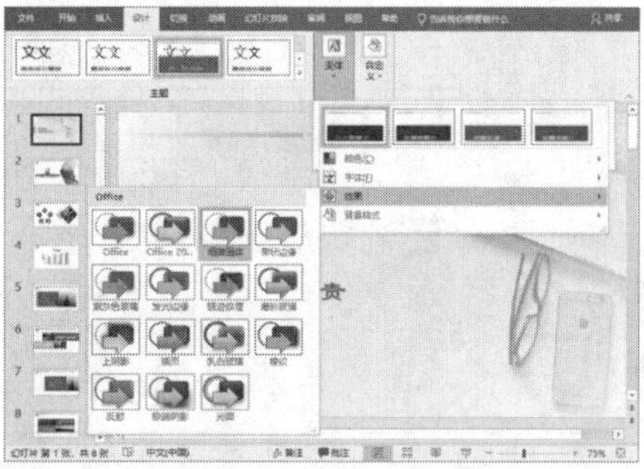

图 9-2　选择主题效果

2. 设置幻灯片背景

下面将为标题幻灯片设置背景。

微课：设置幻灯片背景

（1）选择标题幻灯片，在幻灯片的空白处单击鼠标右键，在弹出的快捷菜单中选择“设置背景格式”命令。

（2）打开“设置背景格式”窗格，单击“填充”选项卡，单击选中“纯色填充”单选按钮，在“颜色”下拉列表中选择“白色，背景 1，深色 5%”，单击 应用到全部(L) 按钮，如图 9-3 所示，完成后单击 × 按钮关闭窗格，此时可发现幻灯片背景颜色变为浅灰色，如图 9-4 所示。

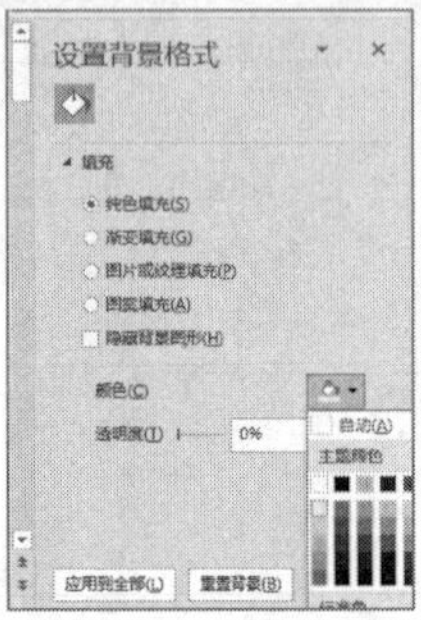

图 9-3　选择填充方式

图 9-4　设置后效果

3. 制作并使用幻灯片母版

微课：制作并使用幻灯片母版

下面进入幻灯片母版视图，首先设置正文占位符，插入并编辑图片，再设置幻灯片的页眉页脚效果，然后退出幻灯片母版视图，查看应用母版后的效果，最后调整幻灯片中各对象的位置，使其符合应用主题、幻灯片母版后的效果。

（1）在“视图”/“母版视图”组中单击“幻灯片母版”按钮，进入幻灯片母版编辑状态。

（2）选择标有“3”的幻灯片母版，选择标题占位符，在“开始”/“字体”组的“字体”下拉列表中选择“方正仿宋简体”选项，在“字号”下拉列表中选择“23”，如图 9-5 所示。

（3）在“插入”/“图像”组单击“图片”按钮，在打开的下拉列表中选择“联机图片”选项，打开“联机图片”对话框，在上方的搜索框输入“矢量图”文本，按【Enter】键确认搜索，在下方的列表中选择要插入的图片，单击 插入(I) 按钮，如图 9-6 所示。

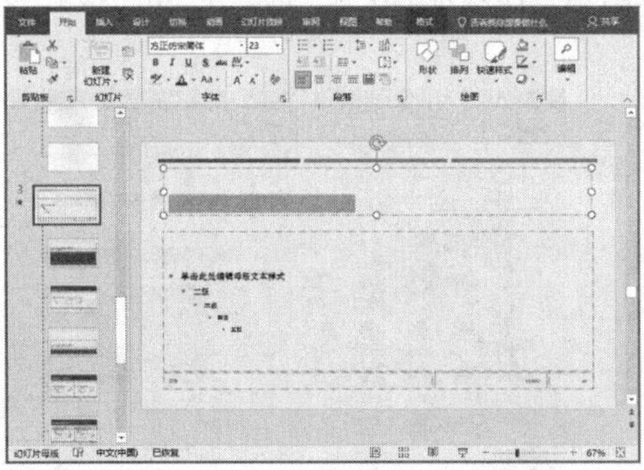

图 9-5　设置标题占位符字体和字号

图 9-6　插入矢量图

（4）将插入的图片适当缩小后移动到幻灯片左下角，如图 9-7 所示。

（5）在“插入”/“文本”组中单击“页眉和页脚”按钮，打开“页眉和页脚”对话框。

（6）单击“幻灯片”选项卡，单击选中“日期和时间”复选框，幻灯片中的“日期和时间”的显示将自动激活，再单击选中“自动更新”单选按钮，将在每张幻灯片下方显示日期和时间，且根据每次打开日期来自动更新。

（7）单击选中“幻灯片编号”复选框，将根据演示文稿幻灯片的顺序显示编号。

（8）单击选中“页脚”复选框，下方的文本框将自动激活，在其中输入“职位职责”文本。

（9）单击选中“标题幻灯片中不显示”复选框，所有的设置都不在标题幻灯片中生效，单击 全部应用(Y) 按钮，如图 9-8 所示。

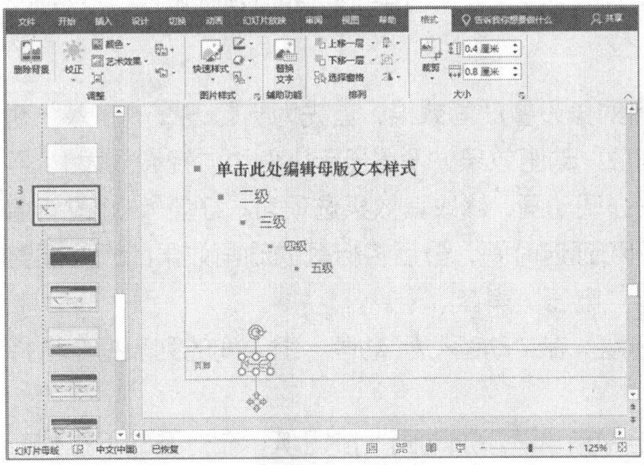

图 9-7　调整图片大小

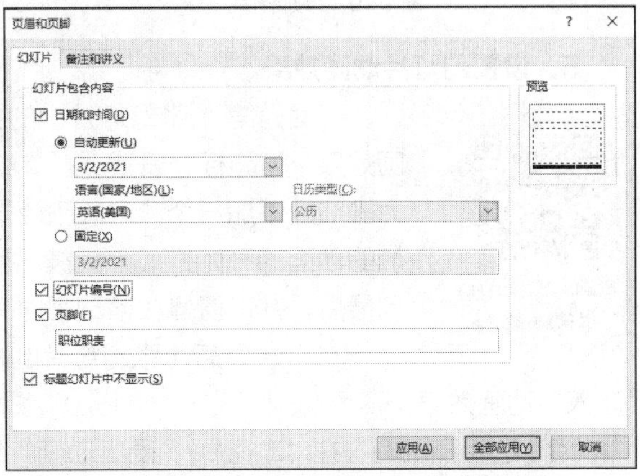

图 9-8　设置页眉页脚

（10）在“幻灯片母版”/“关闭”组中单击“关闭母版视图”按钮，退出该视图，此时可发现设置已应用于各张幻灯片。

（11）依次查看每一页幻灯片，适当调整标题、正文和图片等对象的位置，使幻灯片中各对象的显示效果更和谐。

4. 设置幻灯片切换动画

下面将为所有幻灯片设置“淡入/淡出”切换动画效果，然后设置切换声音为“照相机”。

微课：设置幻灯片切换动画

（1）选择第 1 张幻灯片，在“插入”/“图像”组中单击“图片”按钮，在打开的下拉列表中选择“此设备”选项，打开“插入图片”对话框，选择“图片 1.png”素材（配套资源:\素材文件\项目九\图片 1.png），单击 插入(S) 按钮，然后将插入的图片移动到幻灯片右侧，如图 9-9 所示。

（2）在幻灯片浏览窗格中按【Ctrl+A】组合键，选择演示文稿中的所有幻灯片，在“切换”/“切换到此张幻灯片”组中间的列表框中选择“淡入/淡出”选项。

（3）在“切换”/“计时”组的“声音”下拉列表中选择“照相机”选项，单击“应用到全部”按钮。

（4）在“切换”/“计时”组的“换片方式”栏下单击选中“单击鼠标时”复选框，表示在放映幻灯片时，单击鼠标左键将进行切换操作，如图 9-10 所示。

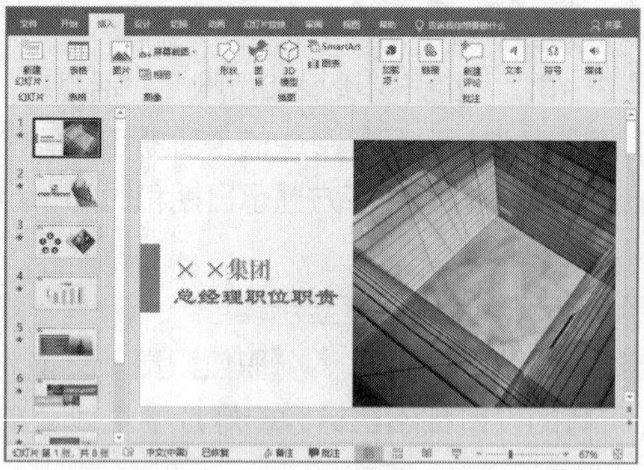

图 9-9　添加图片

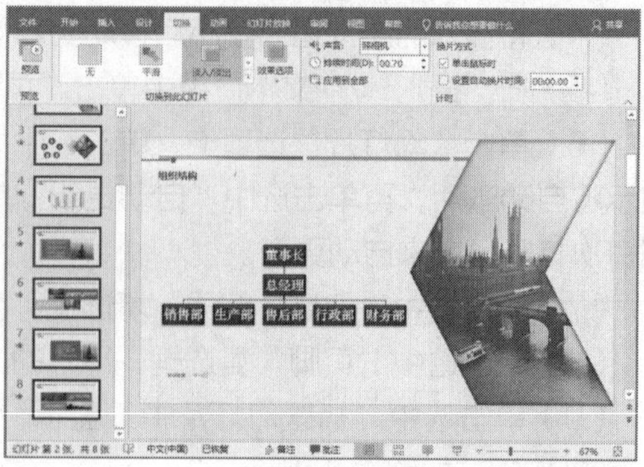

图 9-10　设置切换动画

5. 设置幻灯片动画效果

微课：设置幻灯片动画效果

下面为第 1 张幻灯片中的各对象设置动画效果，首先为标题设置“浮入”动画效果，为副标题设置“基本缩放”动画效果，设置显示比例为“轻微放大”，再为副标题添加一个“对象颜色”强调动画，修改其效果选项为“红色”，修改新增加的动画的开始方式、持续时间和延迟时间，最后将标题的动画效果的顺序调整到最后，并设置播放该动画时有“电压”声音。

（1）选择第 1 张幻灯片的标题，在“动画”/“动画”组中间的列表框中选择“浮入”动画效果。

（2）选择副标题，在“动画”/“高级动画”组中单击“添加动画”按钮，在打开的下拉列表中选择“更多进入效果”选项。

（3）打开“添加进入效果”对话框，选择“温和”栏中的“基本缩放”选项，如图 9-11 所示，单击 确定 按钮。

（4）在“动画”/“动画”组中单击“效果选项”按钮，在打开的下拉列表中选择“显示比例”栏中的“轻微放大”，如图 9-12 所示。

图 9-11　添加进入效果

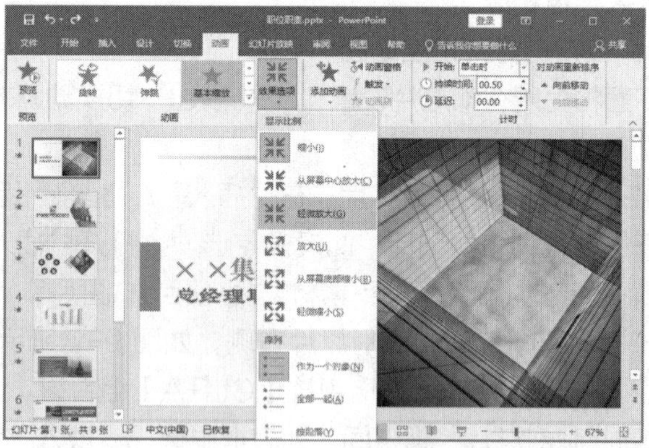

图 9-12　修改动画效果选项

（5）继续选择副标题，在“动画”/“高级动画”组中单击“添加动画”按钮，在打开的下拉列表中选择“强调”栏的“对象颜色”选项。

（6）在“动画”/“动画”组中单击“效果选项”按钮，在打开的下拉列表中选择“标准色”栏中的“蓝色”。

（7）在“动画”/“高级动画”组中单击“动画窗格”按钮 ，打开的窗格中将显示当前幻灯片中所有对象已设置的动画效果。

（8）选择第 3 个选项，在“动画”/“计时”组的“开始”下拉列表中选择“单击时”选项，在“持续时间”数值框中输入“01.00”，在“延迟”数值框中输入“00.50”，如图 9-13 所示。

（9）选择“动画窗格”窗格中的第 1 个选项，按住鼠标左键不放，将其拖动到最后，调整动画的播放顺序。

（10）在调整后的最后一个动画选项上单击鼠标右键，在弹出的快捷菜单中选择“效果选项”命令。

（11）打开“上浮”对话框，在“声音”下拉列表中选择“风铃”选项，单击其后的 按钮，在打开的界面中拖动滑块，调整音量大小，单击 确定 按钮，如图 9-14 所示（配套资源:\效果文件\项目九\职位职责.pptx）。

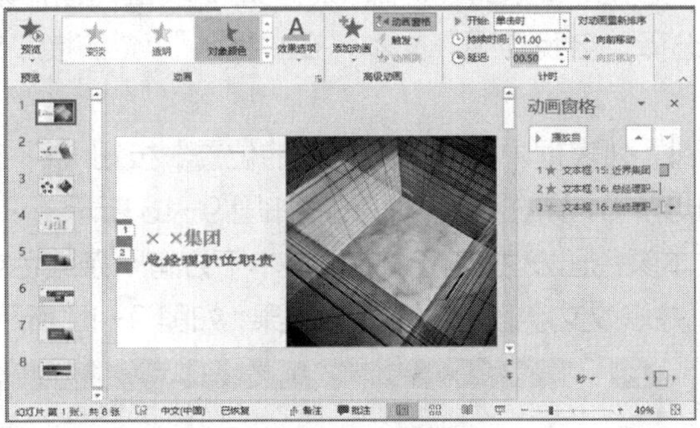

图 9-13 设置动画计时

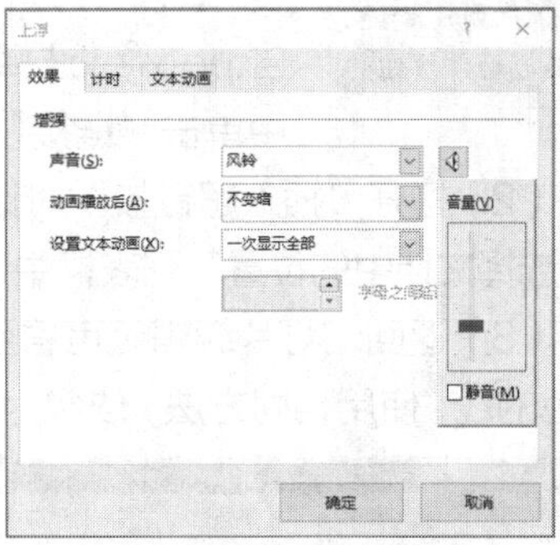

图 9-14 “上浮”对话框

（12）完成后保存演示文稿并查看完成后的效果，如图 9-15 所示（配套资源:\效果文件\项目九\职位职责.pptx）。

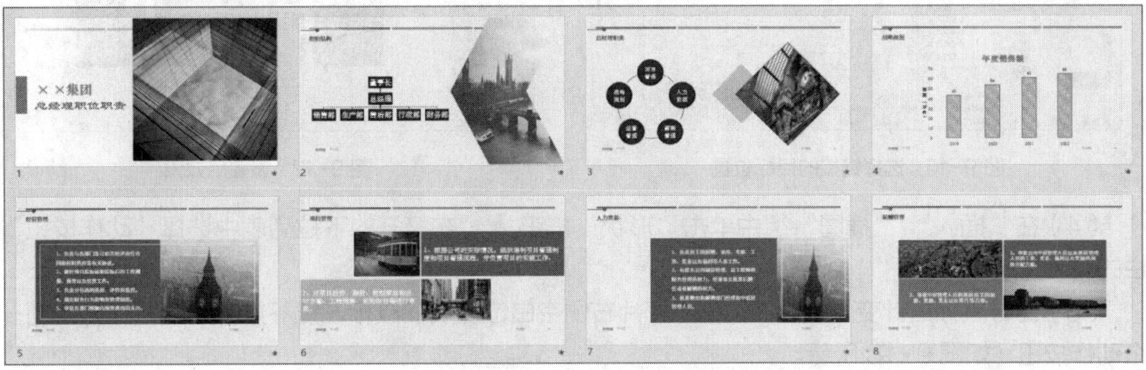

图 9-15 查看完成后的效果

实验二 制作“竞聘报告”演示文稿

（一）实验目的

- 掌握创建超链接与动作按钮的方法。

- 掌握放映幻灯片的操作方法。
- 熟悉隐藏幻灯片的操作方法。
- 熟悉排练计时的操作方法。
- 了解打印演示文稿的方法。
- 熟悉打包演示文稿的方法。

（二）实验内容

微课：创建超链接与动作按钮

1. 创建超链接与动作按钮

下面将为“竞聘报告.pptx”演示文稿的第 2 张幻灯片中的文本创建超链接，然后插入一个动作按钮链接到第 1 张幻灯片中，最后设置动作按钮的样式。

（1）打开“竞聘报告.pptx”演示文稿（配套资源:\素材文件\项目九\竞聘报告.pptx），选择第 2 张幻灯片，选择“自我介绍”文本，在“插入”/“链接”组中单击“链接”按钮。

（2）打开“插入超链接”对话框，单击“链接到”列表框中的“本文档中的位置”按钮，在“请选择文档中的位置”列表框中选择要链接到的幻灯片 3，单击确定按钮，如图 9-16 所示。

（3）返回幻灯片编辑区可看到设置超链接的文本颜色已发生变化，并且文本下方有一条红色或白色的线，使用相同方法，依次为文本设置超链接，并修改文字颜色便于查看效果，如图 9-17 所示。

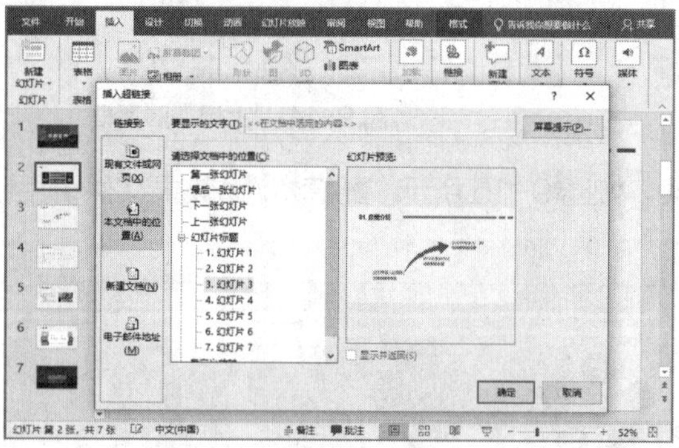

图 9-16　选择链接的目标位置

图 9-17　设置后效果

（4）在“插入”/“插图”组中单击“形状”按钮，在打开的下拉列表中选择“动作按钮”栏的第 5 个选项。

（5）此时鼠标指针变为+形状，在幻灯片右侧空白位置按住鼠标左键不放并拖动鼠标，绘制一个动作按钮，如图 9-18 所示。

（6）绘制动作按钮后会自动打开“操作设置”对话框，单击选中“超链接到”单选按钮，在下方的下拉列表中选择“幻灯片...”选项。

（7）打开“超链接到幻灯片”对话框，选择第 1 张幻灯片对应选项，如图 9-19 所示，依次单击“超链接到幻灯片”对话框和“操作设置”对话框的确定按钮，使超链接生效。

（8）返回幻灯片编辑区，选择绘制的动作按钮，在“格式”/“形状样式”组中的下拉列表中选择“浅色 1 轮廓，色彩填充-红色，强调颜色 1”选项。

图 9-18　绘制动作按钮

图 9-19　选择超链接到的目标

2. 放映幻灯片

下面将放映前面制作好的“竞聘报告.pptx”演示文稿中的幻灯片，并使用超链接快速定位到“规划展望”对应的幻灯片，然后返回上次查看的幻灯片，依次查看各幻灯片和对象，在最后一页标记重要内容，最后退出幻灯片放映。

微课：放映幻灯片

（1）在“幻灯片放映”/“开始放映幻灯片”组中单击“从头开始”按钮，进入幻灯片放映视图。

（2）从演示文稿的第 1 张幻灯片开始放映，单击或滚动鼠标滚轮放映下一个动画或下一张幻灯片。

（3）当播放到第 2 张幻灯片时，将鼠标指针移动到“规划展望”文本上，此时鼠标指针变为形状，单击鼠标左键，如图 9-20 所示。

（4）此时放映的幻灯片切换到超链接的目标幻灯片，使用前面的方法单击即可继续放映幻灯片。在幻灯片上单击鼠标右键，在弹出的快捷菜单中选择“上次查看的位置”命令，如图 9-21 所示。

图 9-20　单击超链接

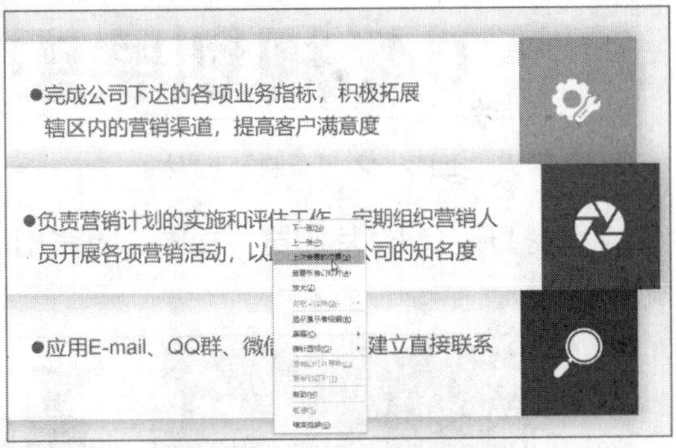

图 9-21　定位幻灯片

（5）返回上次查看的幻灯片，然后依次播放演示文稿中的幻灯片，当播放到最后一张幻灯片时，单击鼠标右键，在弹出的快捷菜单中选择“指针选项”/“荧光笔”命令，然后再次单击鼠标右键，在弹出的快捷菜单中选择“指针选项”/“墨迹颜色”/“红色”命令。

（6）此时，鼠标指针变为形状，按住鼠标左键不放并拖动鼠标来标记重要的内容，播放完最后一张幻灯片后，单击鼠标左键，打开一个黑色页面，提示“放映结束，单击鼠标退出。”，单击鼠标左键即可退出。

（7）由于前面标记了内容，因此将打开是否保留墨迹注释的提示对话框，单击 放弃(D) 按钮，不保留绘制的标记。

3. 隐藏幻灯片

微课：隐藏幻灯片

下面将隐藏最后一张幻灯片，然后查看隐藏幻灯片后的放映效果。

（1）在幻灯片浏览窗格中选择第 7 张幻灯片，在“幻灯片放映”/“设置”组中单击“隐藏幻灯片”按钮隐藏该幻灯片。

（2）在幻灯片浏览窗格中，隐藏的幻灯片上将出现标志，在“幻灯片放映”/“开始放映幻灯片”组中单击“从头开始”按钮，开始放映幻灯片，此时隐藏的幻灯片将不再被放映出来。

（3）再次单击“隐藏幻灯片”按钮，可取消隐藏第 7 张幻灯片。

4. 排练计时

下面将对演示文稿中的各动画进行排练计时。

微课：排练计时

（1）在“幻灯片放映”/“设置”组中单击“排练计时”按钮，进入放映排练状态，同时打开“录制”工具栏自动为该幻灯片计时，如图 9-22 所示。

（2）单击鼠标左键或按【Enter】键控制幻灯片中下一个动画出现的时间，如果用户要确认该幻灯片的播放时间，可直接在“录制”工具栏的时间框中输入时间值。

（3）一张幻灯片播放完成后，单击鼠标左键切换到下一张幻灯片，“录制”工具栏中将从头开始为当前幻灯片的放映计时。

（4）放映结束后，打开提示对话框，提示排练计时时间，并询问“是否保留新的幻灯片计时”，单击 是(Y) 按钮保存，如图 9-23 所示。

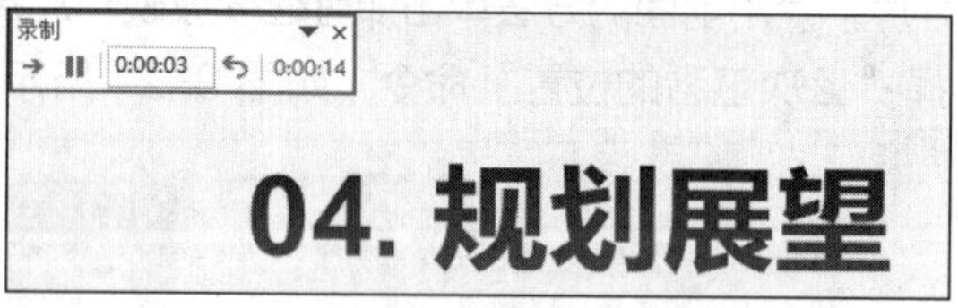

图 9-22 “录制”工具栏

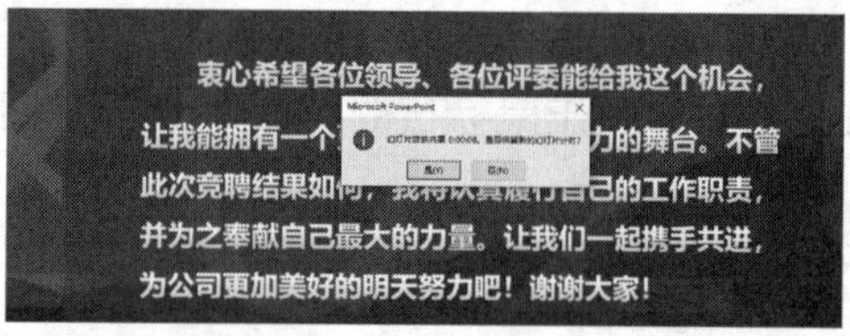

图 9-23 完成录制

（5）打开“幻灯片浏览”视图，每张幻灯片的右下角将显示幻灯片的播放时间，如图 9-24 所示。

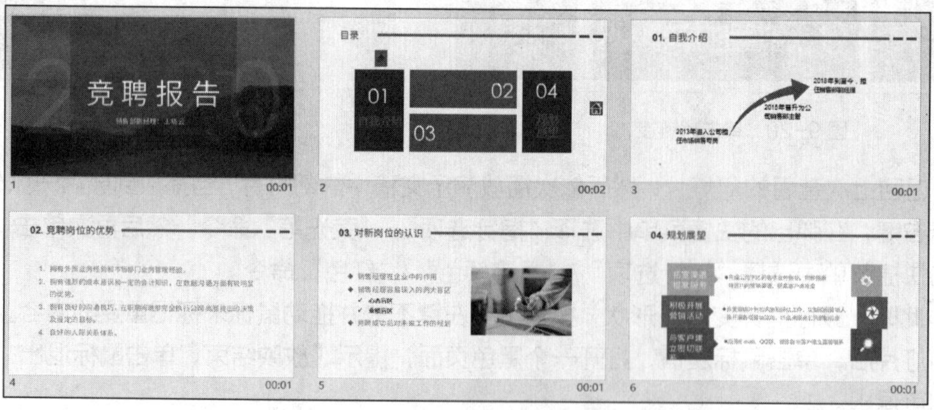

图 9-24 显示播放时间

5. 打印演示文稿

下面将前面制作并设置好的演示文稿打印出来，要求一页纸上打印 2 张幻灯片。

微课：打印演示文稿

（1）选择“文件”/“打印”命令，在“打印预览”界面的“份数”数值微调框中输入“2”，即打印两份。

（2）在“打印机”下拉列表中选择与计算机相连的打印机。

（3）在幻灯片的“整页幻灯片”下拉列表中选择“讲义”栏中的“2 张幻灯片”选项，并单击选中“幻灯片加框”“根据纸张调整大小”复选框。

（4）单击“打印”按钮 打印幻灯片。

6. 打包演示文稿

下面将前面设置好的演示文稿打包到文件夹中，并命名为“竞聘报告”。

微课：打包演示文稿

（1）选择“文件”/“导出”命令，在界面左侧选择“将演示文稿打包成 CD”选项，然后单击“打包成 CD”按钮 。

（2）打开“打包成 CD”对话框，单击 复制到文件夹(F)... 按钮，如图 9-25 所示。

（3）打开“复制到文件夹”对话框，在“文件夹名称”文本框中输入“竞聘报告”文本，在“位置”文本框中设置打包后的文件夹的保存位置，单击 确定 按钮，如图 9-26 所示。

（4）打开提示对话框，提示是否保存链接文件，单击 是(Y) 按钮，完成打包操作（配套资源:\效果文件\项目九\竞聘报告）。

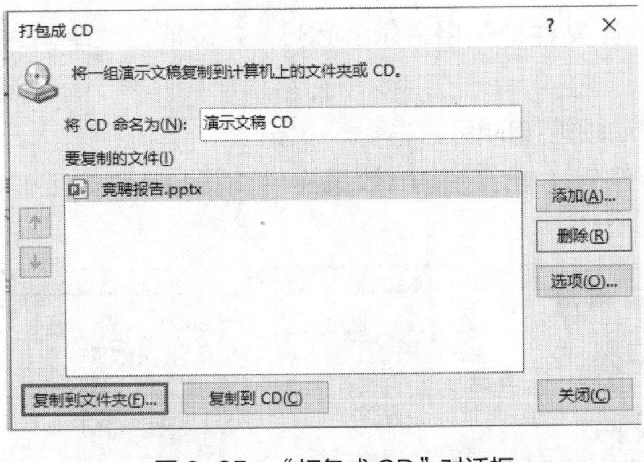

图 9-25 “打包成 CD”对话框

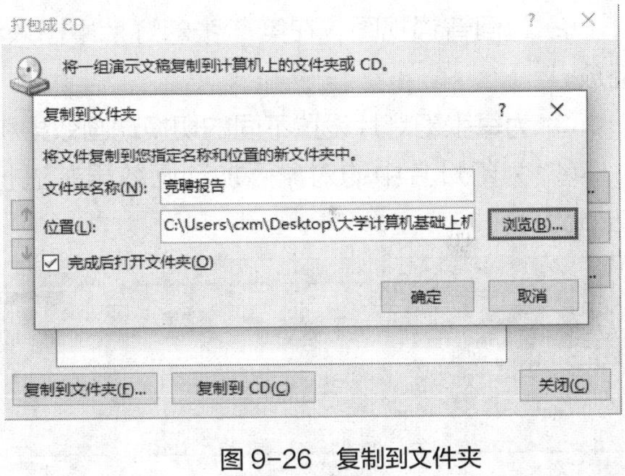

图 9-26 复制到文件夹

综合实践

（1）按以下要求对“广告策划案.pptx”演示文稿进行操作，效果如图 9-27 所示。

① 打开“广告策划案.pptx”演示文稿（配套资源:\素材文件\项目九\广告策划案.pptx），为所有幻灯片添加相同的切换动画效果。

② 为第 1、2、4、8、9 张幻灯片中的对象添加需要的动画效果。

③ 从第 1 张幻灯片开始放映幻灯片，对幻灯片的动画效果进行预览（配套资源:\效果文件\项目九\广告策划案.pptx）。

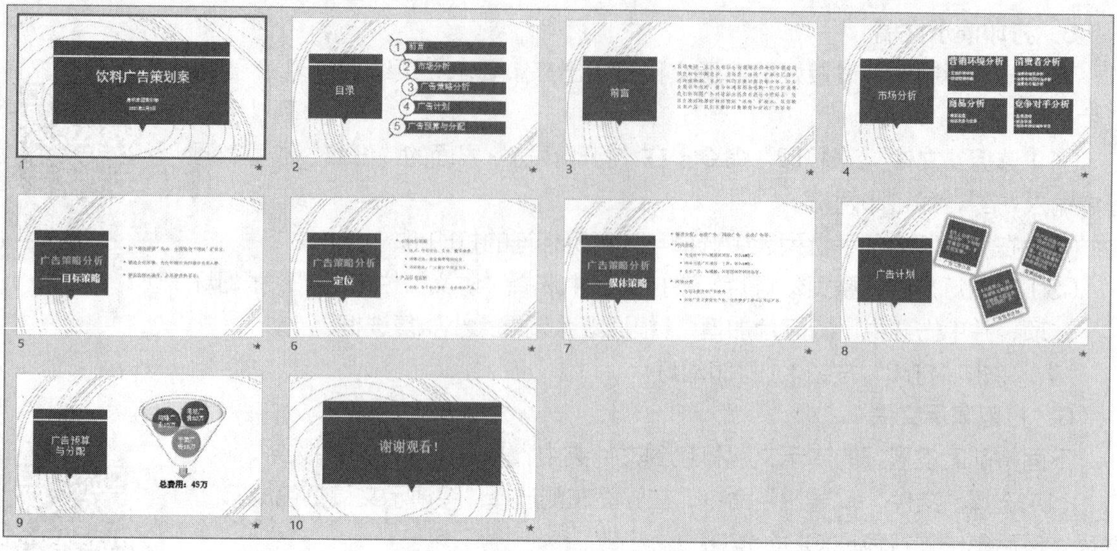

图 9-27 “广告策划案”演示文稿

（2）打开“财务工作总结.pptx”演示文稿，通过幻灯片母版设计演示文稿，然后添加动画等，完成后效果如图 9-28 所示。

① 打开“财务工作总结.pptx”演示文稿（配套资源:\素材文件\项目九\财务工作总结），打开“财务工作总结”演示文稿，进入幻灯片母版视图，设置标题页和内容页的背景图片分别为“1.tif”和“2.tif”。

② 返回普通视图，在第 1 张幻灯片中插入音频文件“背景音乐.mp3”，并设置为“单击时”播放。

③ 为每张幻灯片设置不同的切换动画效果和动画持续时间。

④ 为幻灯片中的对象添加动画效果并进行编辑（配套资源:\效果文件\项目九\财务工作总结.pptx）。

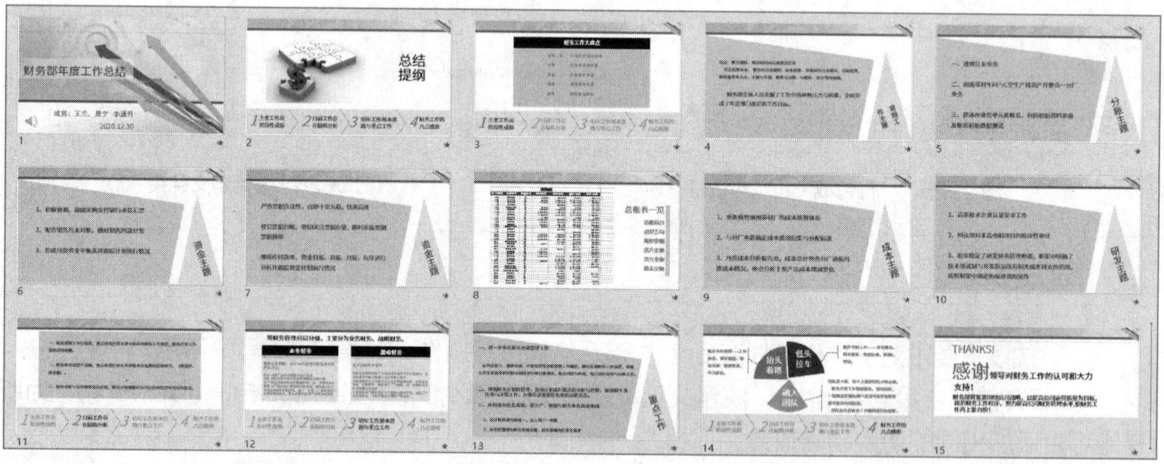

图 9-28 “财务工作总结”演示文稿

项目十 认识并使用计算机网络

10

实验一 连入 Internet

（一）实验目的

- 熟悉通过非对称数字用户线（Asymmetric Digital Subscriber Line，ADSL）拨号上网的方法。
- 熟悉通过光纤宽带上网的方法。

（二）实验内容

1. 通过 ADSL 拨号上网

ADSL 拨号可直接利用现有的电话线路，通过 ADSL 调制解调器（Modem）传输数字信息。调制解调器可以与普通电话线共存于一条电话线上，在接听、拨打电话的同时能进行 ADSL 传输，互不影响。

2. 通过光纤宽带上网

通过光纤宽带连入因特网（Internet）一般有两种方法：一种是将光纤连入小区节点或楼道，再由网线连接到各个共享点上；另一种是“光纤到户”，将光纤一直扩展到每一台计算机终端上。

实验二 Internet 的基本应用

（一）实验目的

- 掌握使用 Microsoft Edge 浏览器进行网上冲浪的方法。
- 学会使用搜索引擎，并能下载所需资源。
- 熟悉使用流媒体的方法。
- 了解远程登录桌面的方法。
- 了解网上求职的方法。

（二）实验内容

1. 使用 Microsoft Edge 浏览器进行网上冲浪

下面将使用 Microsoft Edge 浏览器进行网上冲浪，主要操作包括浏览网页、保存网页内容、使用收藏夹等。

微课：使用Microsoft Edge浏览器进行网上冲浪

（1）单击任务栏上的 Microsoft Edge 图标启动 Microsoft Edge 浏览器，在上方的地址栏中输入网易网址的关键部分，按【Enter】键确认，Microsoft Edge 浏览器会自动补充剩余部分，并打开该网页。

（2）网页中有很多目录索引超链接，将鼠标指针移动到“旅游”超链接上时，鼠标指针变为形状时单击，如图 10-1 所示。

（3）打开“旅游”专题，滚动鼠标滚轮上下移动网页，在网页中找到自己感兴趣的内容的超链接后再次单击，将在打开的网页中显示其具体内容。

（4）在网页内容中需要保存的图片上单击鼠标右键，在弹出的快捷菜单中选择“将图片另存为”命令，如图 10-2 所示。

图 10-1 打开网页

图 10-2 保存网页上的图片

（5）打开“另存为”对话框，在地址栏中选择图片要保存的位置后，在“文件名”文本框中输入图片名称，单击 保存(S) 按钮，将图片保存在计算机中。

（6）若是想保存网页中的文字内容，则需选择要保存的文字区域，并在所选区域中单击鼠标右键，在弹出的快捷菜单中选择“复制”命令或按【Ctrl+C】组合键。

（7）启动记事本程序或 Word 2019，在记事本程序中选择“编辑”/“粘贴”命令或按【Ctrl+V】组合键，将复制的文本粘贴到其中。

（8）在地址栏中输入要打开的网页的网址，按【Enter】键打开该网页，单击网页右上角的“收藏夹”按钮。

（9）在网页右侧将打开“收藏夹”窗格，单击上方的“创建新的文件夹”按钮，在新添加的文本框中输入“购物”文本，修改文件夹名称，如图 10-3 所示。

（10）在地址栏中单击“收藏”按钮，在“保存位置”下拉列表中选择“购物”选项，单击 添加 按钮，如图 10-4 所示。

（11）再次打开收藏夹，即可查看添加的“购物”文件夹，选择该文件夹，下面将显示被保存在该文件夹中的“网页选项”，如图 10-5 所示，单击网页选项即可打开该网页。

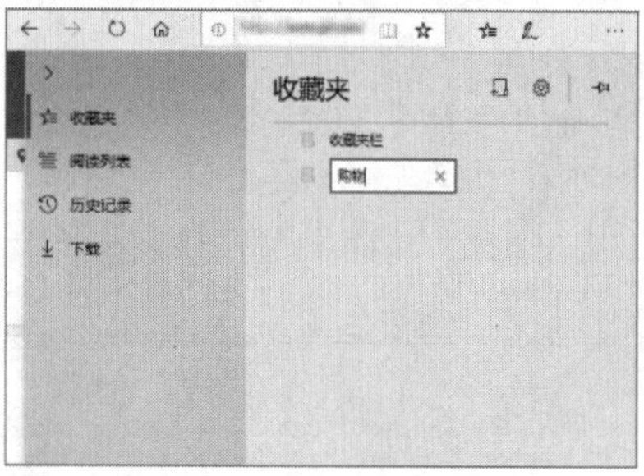

图 10-3 创建文件夹

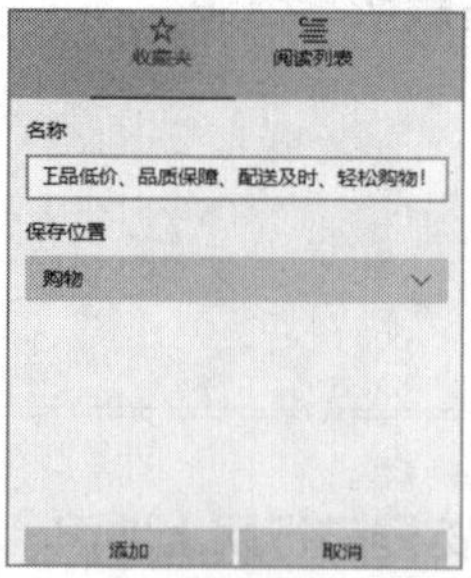

图 10-4 添加到收藏夹

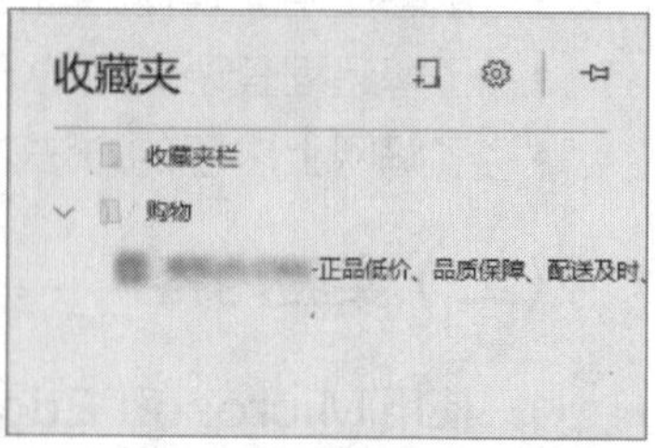

图 10-5 收藏的网页

2. 使用搜索引擎

下面将在百度搜索引擎中搜索包含“计算机等级考试”和“赵丽英”的相关资料。

微课：使用搜索引擎

（1）在地址栏输入百度的网址，按【Enter】键打开“百度”网站首页。

（2）在搜索文本框中输入“计算机等级考试”文本，单击百度一下按钮或按【Enter】键，将会自动在网页中显示搜索到的结果，如图 10-6 所示，单击任意一个超链接，即可在打开的网页中查看具体内容。

（3）重新在搜索文本框中输入“赵丽英”，单击百度一下按钮或按【Enter】键，此时将出现“英”同音字“颖”的相关信息，如图 10-7 所示。

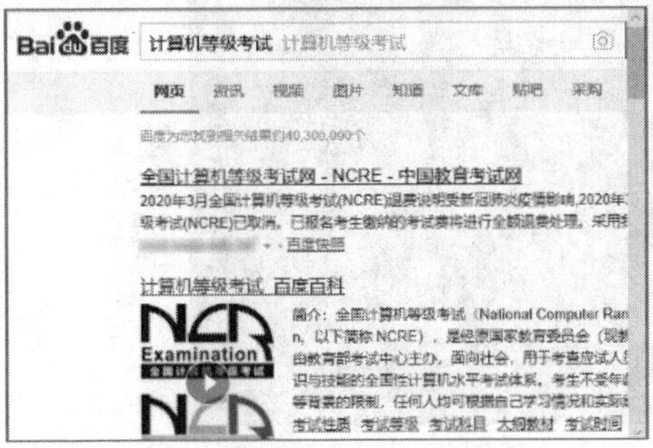

图 10-6　搜索“计算机等级考试”

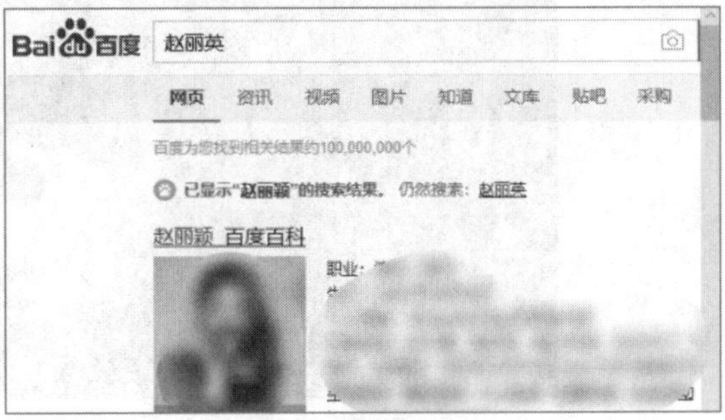

图 10-7　搜索“赵丽英”

（4）若希望搜索一些文献或文章，则可通过“intitle:标题”的方式只搜索标题中含有指定关键词的内容。例如，在搜索框中输入关键词“intitle:人间四月天”，单击百度一下按钮或按【Enter】键，即可在网页中查看标题中含有“人间四月天”关键词的相关信息。

3. 下载资源

下面将“搜狗输入法”安装程序下载到本地计算机中。

微课：下载资源

（1）在 Microsoft Edge 浏览器的地址栏中输入百度的网址，按【Enter】键打开“百度”网站首页，输入“搜狗输入法下载”文本，然后单击其官网中的下载链接，在打开的网页中单击立即下载按钮。

（2）在 Microsoft Edge 浏览器的下方将打开提示对话框，在其中单击保存按钮右侧的下拉按钮 ^，在打开的下拉列表中选择“另存为”选项，如图 10-8 所示。

图 10-8　下载资源

（3）打开“另存为”对话框，设置文件的保存位置和名称后，单击保存(S)按钮。安装程序开始下载，下载完成后即可在保存位置查看下载的资源。

4. 使用流媒体

微课：使用流媒体

下面将在爱奇艺网站中播放一部动画片。

（1）在浏览器中打开爱奇艺网站，单击首页的“儿童”超链接，打开少儿频道。

（2）依次单击超链接，选择一部感兴趣的动画片，使其在网页中显示。

（3）在视频画面右侧也可以选择需要播放的动画片，在视频画面下方拖动进度条或单击进度条上的某一个点，可从该点所对应的时间点开始播放，如图 10-9 所示。进度条下方还有一个时间表，表示当前视频的播放时长和总时长。

图 10-9　播放任意时间点的视频

（4）单击 按钮可暂停播放视频，单击 按钮将播放下一个视频，单击“网页全屏”按钮 将以网页全屏模式播放视频。

5. 远程登录桌面

微课：远程登录桌面

下面将介绍远程登录桌面的具体操作。

（1）在桌面上的“此电脑”图标 上单击鼠标右键，在弹出的快捷菜单中选择“属性”命令，打开“系统”界面，在右侧单击“高级系统设置”超链接。

（2）打开“系统属性”对话框，单击“远程”选项卡，在“远程桌面”栏中单击选中“允许远程连接到此计算机”单选按钮，如图 10-10 所示，单击 确定 按钮。

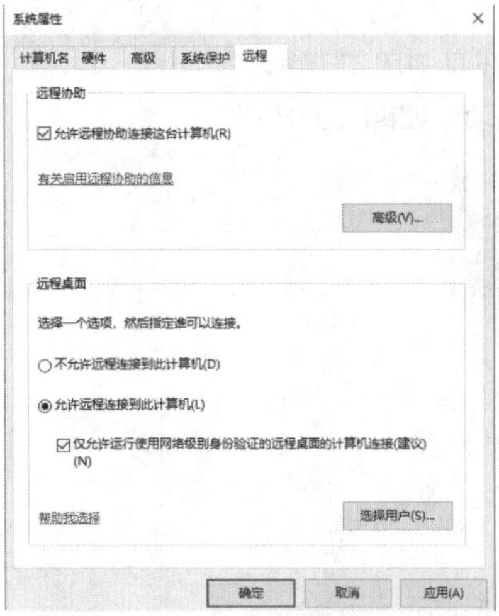

图 10-10　选中单选按钮

（3）在桌面右下角单击“网络”图标 ，在打开的面板上单击“网络和 Internet 设置”超链接，在打开的窗口左侧单击“以太网”选项。

（4）在展开的列表中单击“更改适配器选项”超链接，打开“网络链接”窗口，在“以太网”上单击鼠标右键，在弹出的快捷菜单中选择“属性”命令。

（5）打开“以太网 属性”对话框，双击“Internet 协议版本 4（TCP/IPv4）”复选框，在打开的对话框中可查看当前计算机的 IP 地址。

（6）在另外一台计算机上选择“开始”/“所有程序”/“Windows 附件”/“远程桌面连接”命令，打开“远程桌面连接”对话框，在其中输入需要连接的 IP 地址。

（7）单击 连接(N) 按钮，打开“远程桌面连接”提示对话框，其中显示了连接进度，稍等片刻即可连接到远程计算机桌面。

6. 网上求职

下面将在“前程无忧”网站上进行账户注册，然后创建一个简单的简历进行投递。

微课：网上求职

（1）在浏览器中打开“前程无忧”网站，在右侧单击“邮箱注册”选项，在下方的文本框中输入邮箱名称和密码，单击 免费注册 按钮。

（2）在打开的页面中根据提示输入相关的注册信息，然后单击 注册 按钮。

（3）稍等片刻即可完成注册，并打开提示对话框提示创建简历，单击“马上创建简历”超链接，打开如图 10-11 所示的网页，在其中根据提示填写简历中的基本信息。

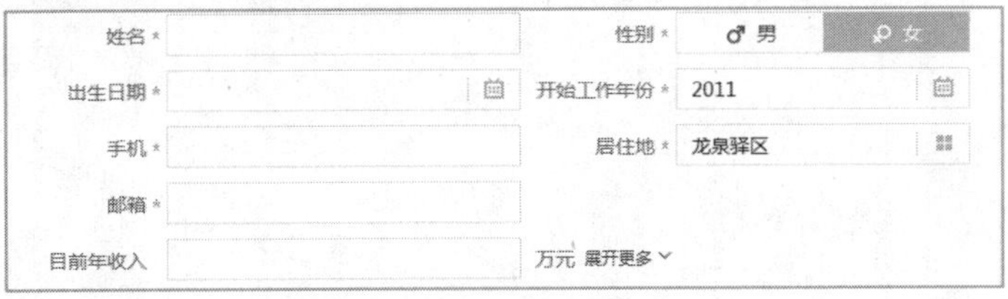

图 10-11　填写基本信息

（4）单击 下一步 按钮，在打开的网页中根据提示填写工作经验信息。

（5）单击 下一步 按钮，在打开的网页中根据提示填写求职意向信息，完成后单击 创建完成 按钮，完成简历的创建，如图 10-12 所示。

（6）在网页中的导航栏中选择“地区频道”选项，在打开的网页中单击“成都”超链接。

（7）在打开的网页的搜索框中输入“编辑”文本，单击 搜索 按钮，此时网站将根据搜索的内容显示相关职位，单击需要求职的超链接。

（8）在打开的网页左侧可浏览该职位的相关介绍，在右侧单击 申请职位 按钮，如图 10-13 所示。

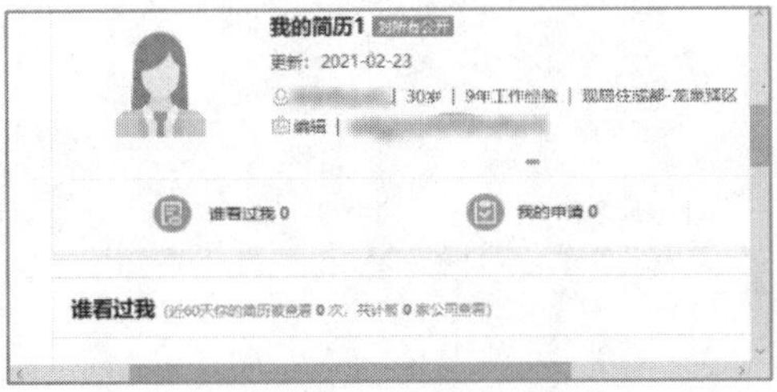

图 10-12　完成简历创建

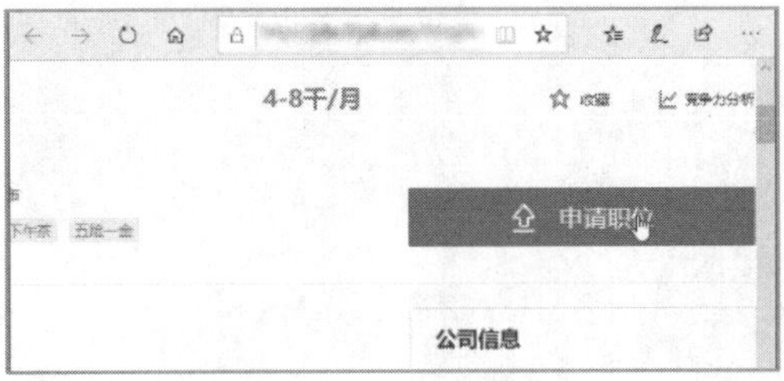

图 10-13　申请职位

（9）稍等片刻后，“申请职位”按钮将变为“已申请”状态。

（10）在网页上方的用户名处单击，在打开的下拉列表中选择“我的 51Job”，在打开的网页中可以查看职位的申请情况和反馈意见等。

综合实践

（1）打开新浪网的首页，进入体育频道，浏览其中的任意一条新闻。

（2）在百度搜索引擎中搜索“流媒体”的相关信息，然后将相关信息复制到记事本文档中，并将记事本文档保存到桌面。

（3）将“百度”网页添加到收藏夹中。

（4）在百度搜索引擎中搜索“腾讯会议”的相关信息，然后将该安装程序下载到计算机的桌面上。

（5）在“智联招聘”网站注册账号，创建简历后，在网站中搜索“行政”职位，并投递简历。

项目十一 做好计算机维护与安全管理

11

实验一　磁盘与系统维护

（一）实验目的

- 掌握磁盘分区与格式化的操作方法。
- 熟悉清理磁盘的方法。
- 熟悉整理磁盘碎片的方法。
- 了解检查磁盘的方法。
- 学会关闭程序。
- 了解设置虚拟内存的方法。
- 熟悉管理自启动程序的方法。
- 了解自动更新系统的操作方法。

（二）实验内容

1. 磁盘分区与格式化

下面将通过“计算机管理”窗口将 E 盘划分出一部分，新建一个 H 分区，然后对其进行格式化。

微课：硬盘分区与格式化

（1）在桌面的“此电脑”图标上单击鼠标右键，在弹出的快捷菜单中选择“管理”命令，打开“计算机管理”窗口。

（2）展开左侧的“存储”列表，选择“磁盘管理”选项，打开“磁盘管理”编辑区，在 E 盘上单击鼠标右键，在弹出的快捷菜单中选择“压缩卷”命令，如图 11-1 所示。

（3）打开“压缩 E:”对话框，在“输入压缩空间量”数值框中输入要划分出的空间的大小，单击 压缩(S) 按钮。

（4）返回“计算机管理”窗口，此时“磁盘管理”编辑区中将增加一个可用空间，单击要创建简单卷的动态磁盘上的可用空间（一般显示为绿色），然后选择“操作”/“所有任务”/“新建简单卷”命令，或在要创建简单卷的动态磁盘的可分配空间上单击鼠标右键，在弹出的快捷菜单中选择“新建简单卷”命令，打开“新建简单卷向导”对话框。在该对话框中指定简单卷的大小，并单击 下一步(N) > 按钮。

（5）分配驱动器号或路径后，继续单击 下一步(N) > 按钮。

（6）设置分配驱动号和路径，单击 下一步(N) > 按钮，在打开的对话框中，设置格式化分区，继续单击 下一步(N) > 按钮，完成新建简单卷向导并单击 完成 按钮。

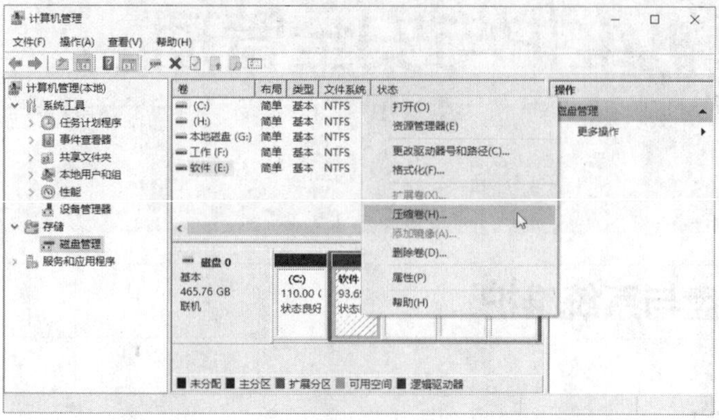

图 11-1　选择需划分空间的磁盘

2. 清理磁盘

下面将对 C 盘中已下载的程序文件和 Internet 临时文件进行清理。

微课：清理磁盘

（1）选择“开始”/“所有程序”/“Windows 管理工具”/“磁盘清理”命令，打开“磁盘清理：驱动器选择”对话框。

（2）在打开的对话框中选择需要进行清理的 C 盘，单击 确定 按钮，操作系统计算可以释放的空间后弹出“(C:)的磁盘清理”对话框，在对话框中“要删除的文件”列表框中单击选中“已下载的程序文件”和“Internet 临时文件”复选框，然后单击 确定 按钮，如图 11-2 所示。

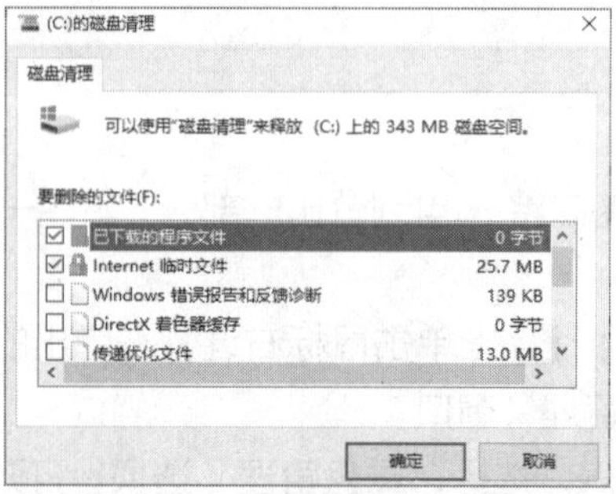

图 11-2　选择要删除的文件

（3）打开确认对话框，单击“删除文件”按钮，操作系统将执行磁盘清理操作，以释放磁盘空间。

3. 整理磁盘碎片

微课：整理磁盘碎片

下面将整理 C 盘中的碎片。

（1）选择“开始”/“所有程序”/“Windows 管理工具”/“碎片整理和优化驱动器”命令，打开“优化驱动器”对话框。

（2）选择要整理的 C 盘，单击 分析(A) 按钮，开始对所选的磁盘进行分析。当分析结束后，单击 优化(O) 按钮，开始对所选的磁盘进行碎片整理。在“优化驱动器”对话框中，还可以同时选择多个磁盘进行分析和优化。

4. 检查磁盘

下面将对 H 盘进行磁盘检查。

（1）双击“此电脑”图标，打开“此电脑”窗口，在需检查的磁盘 H 上单击鼠标右键，在弹出的快捷菜单中选择“属性”命令。

（2）打开“本地磁盘(H:)属性”对话框，单击“工具”选项卡，单击“查错”栏中的 检查(C) 按钮，如图 11-3 所示。

（3）打开“错误检查(本地磁盘(H:))”对话框，选择“扫描驱动器”选项，如图 11-4 所示，程序将开始自动检查磁盘逻辑错误。

微课：检查磁盘

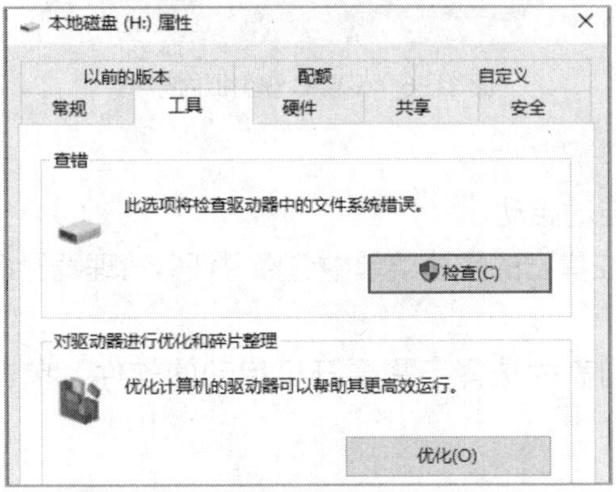

图 11-3 “本地磁盘(H:)属性”对话框

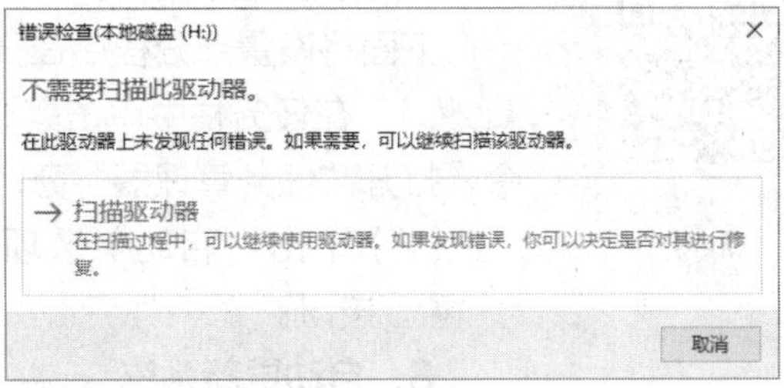

图 11-4 设置磁盘检查选项

（4）扫描结束后，系统将打开提示对话框提示扫描完毕，单击 关闭(C) 按钮完成磁盘检查。

5. 关闭程序

下面将使用 Windows 任务管理器关闭无响应的应用。

（1）按【Ctrl+Shift+Esc】组合键，打开“任务管理器”窗口。

（2）单击“进程”选项卡，选择“应用”列表中无响应的选项，单击 结束任务(E) 按钮关闭程序。

微课：关闭程序

6. 设置虚拟内存

下面将为 C 盘设置虚拟内存。

（1）在“此电脑”图标上单击鼠标右键，在弹出的快捷菜单中选择“属性”命令，打开“系统”界面，单击右侧的“高级系统设置”超链接。

（2）打开“系统属性”对话框，单击“高级”选项卡，单击“性能”栏中的 设置(S)... 按钮。

（3）打开“性能选项”对话框，单击“高级”选项卡，单击“虚拟内存”栏中的 更改(C)... 按钮，如图 11-5 所示。

微课：设置虚拟内存

（4）打开“虚拟内存”对话框，取消选中“自动管理所有驱动器的分页文件大小”复选框，在“每个驱动器的分页文件大小”栏中的“驱动器”列表中选择“C:”选项，单击选中“自定义大小”单选按钮，在“初始大小”文本框中输入“1000”，在“最大值”文本框中输入“5000”，如图 11-6 所示，依次单击 设置(S) 按钮和 确定 按钮完成设置。

图 11-5 “性能选项”对话框

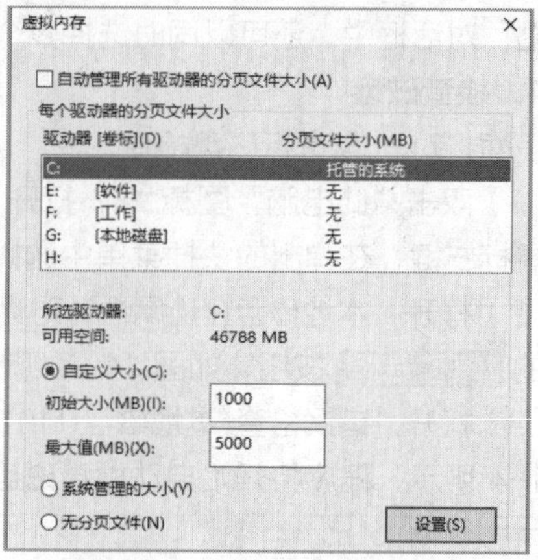

图 11-6 设置 C 盘虚拟内存

微课：管理自启动程序

7. 管理自启动程序

下面将设置部分程序在开机时不自动启动。

（1）在任务栏中单击鼠标右键，在弹出的快捷菜单中选择“任务管理器”命令，打开“任务管理器”窗口。

（2）单击“启动”选项卡，在列表中选择不需要开机启动的软件，单击 禁用(A) 按钮。

微课：自动更新系统

8. 自动更新系统

下面将使用 Windows 更新功能检查并安装更新系统。

（1）选择“开始”/“设置”命令，打开“设置”窗口，在其中单击“更新和安全”选项，在打开的界面中单击“Windows 更新”选项卡，打开“Windows 更新”界面，单击“高级选项”选项，如图 11-7 所示。

（2）在打开的“高级选项”界面中可设置系统更新选项，如图 11-8 所示。

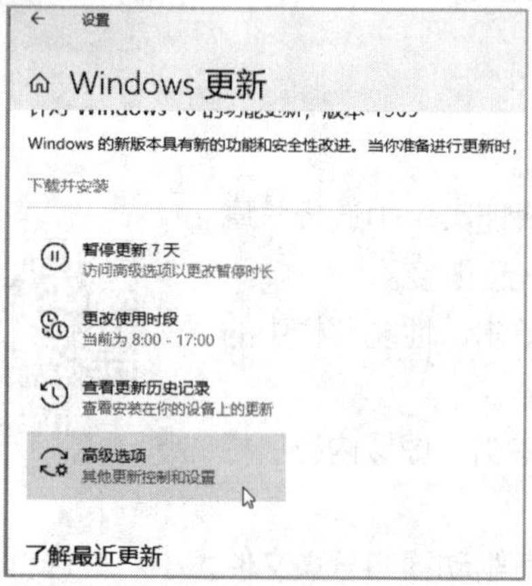

图 11-7 单击“高级选项”超链接

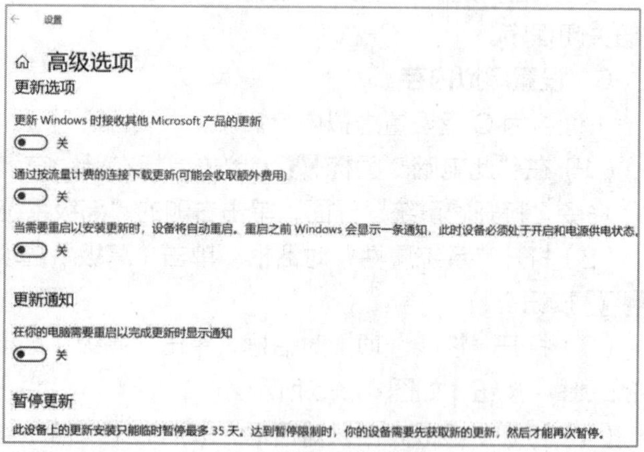

图 11-8 设置更新选项

实验二　计算机病毒及其防治

（一）实验目的

- 掌握启用 Windows 防火墙的操作方法。
- 了解使用第三方软件保护系统的方法。

（二）实验内容

1. 启用 Windows 防火墙

下面将启用 Windows 10 的防火墙功能。

微课：启用 Windows 防火墙

（1）选择“开始”/“设置”命令，打开“设置”窗口，在其中单击“更新和安全”选项，在打开的“更新和安全”界面中单击“Windows 安全中心”选项卡，打开“Windows 安全中心”界面，在右侧选择“防火墙和网络保护”。

（2）打开“防火墙和网络保护”界面，单击需要设置的网络的超链接，这里单击“公用网络”超链接。

（3）在打开的界面中将“Microsoft Defender 防火墙”按钮保持在“开”的状态。

2. 使用第三方软件保护系统

下面将使用“360 杀毒”软件快速扫描计算机中的文件，然后清理有威胁的文件，接着在“360 安全卫士”软件中对计算机进行体检，修复后扫描计算机中是否存在木马病毒。

微课：使用第三方软件保护系统

（1）安装“360 杀毒”软件后，在启动计算机的同时就会默认自动启动该软件，其图标在任务栏右侧的通知区域中显示，单击“360 杀毒”图标 。

（2）打开“360 杀毒”工作界面，选择扫描方式，这里选择“快速扫描”选项。

（3）“360 杀毒”开始扫描指定位置的文件，将疑似病毒的文件和对系统有威胁的文件都扫描出来，并显示在打开的“项目”列表中，如图 11-9 所示。

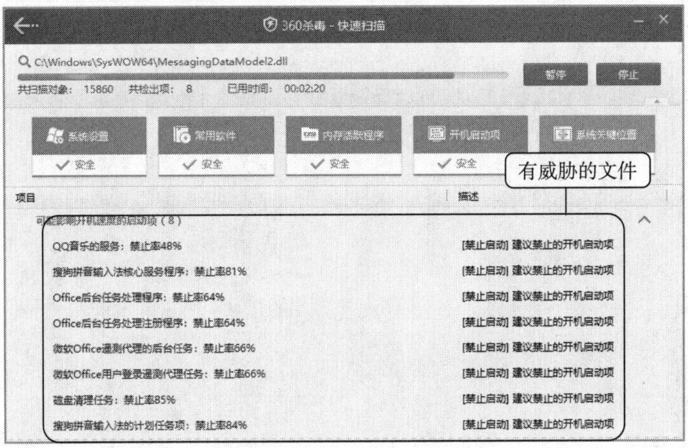

图 11-9　扫描文件

（4）扫描完成后，单击选中要清理的文件前的复选框，单击 立即处理 按钮，在打开的提示对话框中单击 确认 按钮确认清理文件。清理完成后，打开的提示对话框提示本次扫描和清理文件的结果，并提示需要重新启动计算机，单击 立即重启 按钮。

（5）单击任务栏右侧的通知区域中的“360 安全卫士”图标，启动“360 安全卫士”并打开其工作界面，单击中间的 立即体检 按钮，软件将会自动运行并扫描计算机中的各个位置。

（6）“360 安全卫士”将检测到的不安全选项列在界面中显示，单击 一键修复 按钮，即可对其进行修复等。

（7）返回工作界面，单击左下角的“查杀修复”按钮，在打开的界面中单击“快速扫描”按钮，开始扫描计算机中的文件，查看其中是否存在木马文件，如存在，则根据提示单击相应的按钮进行清除。

综合实践

（1）在 F 盘中创建一个新分区 G，空间为 30GB。

（2）对 C 盘进行磁盘分析，然后使用磁盘清理工具，对已下载的程序文件、Internet 临时文件、回收站、临时文件和安装日志文件等进行清理。

（3）使用杀毒软件执行快速杀毒操作，并清理扫描出来的病毒文件。

（4）对当前系统盘进行病毒扫描，并清理扫描出来的病毒文件。

第二部分

习　题　集

项目一 了解并使用计算机

01

一、单选题

1. (　　) 被誉为“现代电子计算机之父”。
   A. 查尔斯 · 巴贝　B. 阿塔诺索夫　C. 图灵　D. 冯 · 诺依曼
2. 世界上第一台电子数字计算机 ENIAC 诞生于 (　　) 年。
   A. 1943　B. 1946　C. 1949　D. 1950
3. 采用晶体管的计算机被称为 (　　)。
   A. 第一代计算机　B. 第二代计算机
   C. 第三代计算机　D. 第四代计算机
4. 按计算机用途分类，可以将计算机分为 (　　)。
   A. 通用计算机和专用计算机
   B. 电子数字计算机和电子模拟计算机
   C. 巨型计算机、大中型计算机、小型计算机和微型计算机
   D. 科学与过程计算计算机、工业控制计算机和数据计算机
5. 计算机辅助制造的简称是 (　　)。
   A. CAD　B. CAM　C. CAE　D. CBE
6. 计算机中处理的数据在计算机内部是以 (　　) 的形式存储和运算的。
   A. 位　B. 二进制　C. 字节　D. 兆
7. 下列 4 个计算机存储容量的换算公式中，错误的是 (　　)。
   A. 1MB=1024KB　B. 1KB=1024MB
   C. 1KB=1024B　D. 1GB=1024MB
8. 在计算机中，存储的最小单位是 (　　)。
   A. 位　B. MB　C. 字节　D. KB
9. 将十进制数 121 转换成二进制数是 (　　)。
   A. 1111001　B. 1110010　C. 1001111　D. 1001110
10. 被国际标准化组织指定为国际标准的是 (　　)。
    A. EBCDIC　B. ASCII　C. 国标码　D. BCD 码
11. 一个字符的标准 ASCII 码长是 (　　)。
    A. 7 位　B. 8 位　C. 16 位　D. 6 位

12. 多媒体信息不包括（　　）。

A. 文字、图像　B. 动画、影像　C. 打印机、光驱　D. 音频、视频

13. 下列选项中，不属于计算机多媒体的媒体类型的是（　　）。

A. 文本　B. 图像　C. 音频　D. 程序

14. 计算机的主机由（　　）组成。

A. 计算机的主机箱

B. 运算器和输入、输出设备

C. 运算器和控制器

D. 中央处理器（Central Processing Unit，CPU）和内存

15. 下列关于 ROM 的说法中，不正确的是（　　）。

A. ROM 不是内存而是外存

B. ROM 中的内容在断电后不会消失

C. CPU 不能向 ROM 随机写入数据

D. ROM 是只读存储器的英文缩写

16. 下列设备中属于输入设备的是（　　）。

A. 显示器　B. 扫描仪　C. 打印机　D. 绘图机

17. 微型计算机的（　　）集成在微处理器芯片上。

A. CPU 和 RAM　B. 控制器和 RAM

C. 控制器和运算器　D. 运算器和 RAM

18. 下列不属于计算机外部存储器的是（　　）。

A. U 盘　B. 硬盘　C. 内存条　D. 光盘

19. 微机的主机指的是（　　）。

A. CPU、内存和鼠标等　B. CPU 和显示器等

C. CPU、内存、主板和硬盘等　D. CPU、内存、硬盘、显示器和键盘等

20. 计算机系统是指（　　）。

A. 硬件系统和软件系统　B. 运控器、存储器、外部设备

C. 主机、显示器、键盘、鼠标　D. 主机和外部设备

21. 计算机中的存储器包括（　　）和外存。

A. 光盘　B. 硬盘　C. 内存　D. 半导体存储单元

22. Office 2019 属于（　　）。

A. 系统软件　B. 应用软件　C. 辅助设计软件　D. 商业管理软件

23. 在 Windows 10 中，连续两次快速按下鼠标左键的操作是（　　）。

A. 单击　B. 双击　C. 拖动　D. 启动

24. 下列（　　）键用于删除文本插入点前面的字符。

A.【Delete】　B.【→】　C.【Insert】　D.【BackSpace】

二、多选题

1. 下列属于多媒体技术的主要特点的有（　　）。

A．实时性　　B．集成性　　C．分布性　　D．交互性

2．计算机在现代教育中的主要应用有计算机辅助教学、计算机模拟、多媒体教室和（　　）。

A．网上教学　　B．家庭娱乐　　C．电子试卷　　D．电子大学

3．下列属于第四代计算机的主要特点的有（　　）。

A．计算机走向微型化，性能大幅度提高

B．主要用于军事和国防领域

C．软件越来越丰富，为网络化创造了条件

D．计算机逐渐走向人工智能化，并采用了多媒体技术

4．下列属于汉字的编码方式的有（　　）。

A．输入码　　B．识别码　　C．国标码　　D．机内码

5．多媒体计算机的软件种类较多，根据功能可以分为（　　）。

A．多媒体操作系统　　B．媒体处理系统工具

C．图像处理工具　　D．用户应用软件

6．下列属于图像文件格式的有（　　）。

A．BMP　　B．GIF　　C．PNG　　D．AVI

7．常用的计算机输出设备有（　　）。

A．显示器　　B．扫描仪　　C．打印机　　D．键盘和鼠标

8．下列选项中，属于计算机外部设备的有（　　）。

A．输入设备　　B．输出设备

C．中央处理器和主存储器　　D．外存

9．计算机的软件系统可分为（　　）。

A．程序和数据　　B．应用软件　　C．操作系统　　D．系统软件

10．下列属于应用软件的有（　　）。

A．办公类软件　　B．图形处理与设计软件

C．多媒体播放与处理软件　　D．网页开发软件

11．计算机的运行速度受（　　）影响。

A．CPU　　B．显示器　　C．键盘　　D．内存

12．键盘上划分的区域有（　　）。

A．字母键区　　B．数字键区　　C．方向键区　　D．功能键区

13．鼠标的基本操作包括（　　）。

A．单击　　B．双击　　C．右击　　D．拖动

三、判断题

1．冯·诺依曼原理是计算机的唯一工作原理。（　　）

2．第三代计算机的逻辑部件采用的是小规模集成电路。（　　）

3．在计算机内部，一切信息的存储、处理与传送都采用二进制数据的形式来表示。
（　　）

4. 一个字符的标准 ASCII 码占一个字节的存储容量，其最高位二进制数据总为 0。 （ ）
5. 大写英文字母的 ASCII 值大于小写英文字母的 ASCII 值。 （ ）
6. 标准 ASCII 表的每一个 ASCII 都能在屏幕上显示成一个相应的字符。 （ ）
7. 多媒体技术的主要特点是数字化和集成性。 （ ）
8. 通常计算机的存储容量越大，性能就越好。 （ ）
9. 传输媒体主要包括键盘、显示器、鼠标、声卡及视频卡等。 （ ）
10. 多媒体文件包括音频文件、视频文件和图像文件。 （ ）
11. 1GB 等于 1000MB，又等于 1 000 000KB。 （ ）
12. CPU 的主频越高，它的运算速度越慢。 （ ）
13. 主机以外的大部分硬件设备称为外围设备或外部设备，简称外设。 （ ）
14. 运算器是进行算术和逻辑运算的部件，通常称它为 CPU。 （ ）
15. 输入和输出设备是用来存储程序及数据的装置。 （ ）
16. 通常说的内存是指 RAM。 （ ）

项目二 了解计算机新技术

02

一、单选题

1. 下列不属于云计算特点的是（　　）。
   A. 高可扩展性　　B. 按需服务　　C. 高可靠性　　D. 非网络化
2. 下列不属于典型大数据常用单位的是（　　）。
   A. MB　　B. ZB　　C. PB　　D. EB
3. AR 技术是指（　　）。
   A. 虚拟现实技术　　B. 增强现实技术
   C. 混合现实技术　　D. 影像现实技术
4. 区块链的主要特征是（　　）。
   A. 中心化　　B. 匿名性
   C. 不开放性　　D. 信息可篡改

二、多选题

1. 人工智能涉及的学科知识包括（　　）。
   A. 计算机科学　　B. 心理学　　C. 哲学　　D. 语言学
2. 区块链是（　　）计算机技术的新型应用模式。
   A. 分布式数据存储　　B. 点对点传输
   C. 共识机制　　D. 加密算法

三、判断题

1. 人工智能在很多领域都得到了不同程度的应用，如在线客服、自动驾驶、智慧生活、智慧医疗等。（　　）
2. 典型的大数据一般会用到 MB、GB 和 ZB 这 3 种单位。（　　）
3. 云计算技术中主要包括 3 种角色，分别为资源的整合运营者、资源的使用者和终端客户。（　　）
4. 智能家居是大数据应用的典型案例。（　　）

项目三 学习操作系统知识

03

一、单选题

1. Windows 10 桌面上，任务栏中最左侧的第一个按钮是（　　）。

A.“打开”按钮　B.“程序”按钮

C.“开始”按钮　D.“时间”按钮

2. 单击“开始”按钮后，将打开“开始”菜单，其中的“所有程序”用于（　　）。

A. 显示计算机可运行的程序　B. 表示要开始编写的程序

C. 表示开始执行的程序　D. 表示打开的所有程序

3. 在打开的窗口之间进行切换的组合键为（　　）。

A.【Ctrl+Tab】　B.【Alt+Tab】　C.【Alt+Esc】　D.【Ctrl+Esc】

4. 当前窗口处于最大化状态，双击该窗口标题栏，则相当于单击（　　）。

A.“最小化”按钮　B.“关闭”按钮　C.“向下还原”按钮　D. 系统控制按钮

5. 在 Windows 10 中，任务栏的作用是（　　）。

A. 显示系统的所有功能　B. 只显示当前活动窗口名

C. 只显示正在后台工作的窗口名　D. 实现窗口之间的切换

6. 在 Windows 10 中打开一个窗口后，通常在其顶部是一个（　　）。

A. 标题栏　B. 任务栏　C. 状态栏　D. 工具栏

7. 下列不能关闭应用程序的方法是（　　）。

A. 单击“关闭窗口”命令

B. 按【Alt+F4】组合键

C. 双击窗口左上角的图标

D. 选择“文件”/“退出”命令

8. 在 Windows 10 中按住鼠标左键拖动（　　），可缩放窗口大小。

A. 标题栏　B. 对话框　C. 滚动条　D. 窗口边框

9. 在 Windows 10 中，对桌面背景的设置可以通过（　　）来实现。

A. 右键单击“此电脑”图标，在弹出的快捷菜单中选择“属性”命令

B. 右键单击“开始”按钮

C. 右键单击桌面空白区域，在弹出的快捷菜单中选择“个性化”命令

D. 右键单击任务栏空白区域，在弹出的快捷菜单中选择“属性”命令

10. 下列操作中，不能将常用程序锁定到任务栏的是（　　）。
   A. 在“开始”菜单中选择常用程序，拖动到任务栏
   B. 在“开始”菜单的常用程序上单击鼠标右键，在弹出的快捷菜单中选择“锁定到任务栏”命令
   C. 在桌面的常用程序快捷方式上单击鼠标右键，在弹出的快捷菜单中将其发送至任务栏
   D. 用鼠标右键单击任务栏中的程序图标，在弹出的快捷菜单中选择“将此程序锁定到任务栏”命令
11. 如果删除了桌面上的一个快捷方式，则其对应的程序将（　　）。
   A. 一起被删除　　B. 只能打开不能编辑
   C. 不能打开　　D. 无任何变化
12. 当鼠标指针位于窗口的右下角，鼠标指针变为 ⤡ 形状时，拖动鼠标可以（　　）。
   A. 改变窗口的高度　　B. 改变窗口的宽度
   C. 改变窗口的大小　　D. 改变窗口的位置
13. 当运行多个程序时，默认情况下屏幕上显示的是（　　）。
   A. 第一个程序窗口　　B. 系统的当前窗口
   C. 最后一个程序窗口　　D. 多个窗口的叠加
14. 当窗口不能将所有的信息行显示在当前编辑区内时，窗口中一定会出现（　　）。
   A. 滚动条　　B. 状态栏　　C. 提示窗口　　D. 信息窗口
15. 打开快捷菜单的操作为（　　）。
   A. 单击　　B. 右击　　C. 双击　　D. 三击
16. 多用户使用一台计算机的情况经常出现，这时可设置（　　）。
   A. 共享用户　　B. 多个用户账户
   C. 局域网　　D. 使用时段
17. 在 Windows 10 中，用于中英文输入方式切换的组合键是（　　）。
   A.【Alt+Tab】　　B.【Shift+空格】　　C.【Shift+Enter】　　D.【Ctrl+空格】
18. 在 Windows 10 中切换不同的汉字输入法，应按（　　）。
   A.【Ctrl+Shift】组合键　　B.【Ctrl+Alt】组合键
   C.【Ctrl+空格】组合键　　D.【Ctrl+Tab】组合键

二、多选题

1. 窗口的组成元素包括（　　）。
   A. 标题栏　　B. 滚动条　　C. 菜单栏　　D. 编辑区
2. 在 Windows 10 可进行的个性化设置包括（　　）。
   A. 主题　　B. 桌面背景　　C. 窗口颜色　　D. 声音
3. 桌面上的快捷方式可以代表（　　）。
   A. 程序　　B. 文件夹　　C. 数据文件　　D. 打印机
4. 在 Windows 10 中，关于对话框的描述正确的有（　　）。
   A. 对话框是一种特殊的窗口

B. 对话框中一般有选项卡

C. 按【Alt+F4】组合键可以关闭对话框

D. 对话框的大小不可以改变

5. 在 Windows 10 屏幕上可以同时打开多个窗口，它们的排列方式包括（　　）。

A. 堆叠　　B. 层叠　　C. 平排　　D. 层排

6. 在 Windows 10 中运行一个程序可以通过（　　）。

A. 选择“开始”/“所有程序”/“附件”/“运行”命令

B. 使用 Windows 资源管理器

C. 使用桌面上已建立的快捷方式

D. 双击程序图标

7. 下列对任务栏的描述，正确的有（　　）。

A. 任务栏可以出现在屏幕的四周　　B. 利用任务栏可以切换窗口

C. 任务栏可以隐藏图标　　D. 任务栏中的时钟不能隐藏

三、判断题

1. 显示于 Windows 10 桌面上的图标统称为系统图标。（　　）

2. 在 Windows 10 中单击非活动窗口的任意部分都可切换该窗口为活动窗口。（　　）

3. 默认情况下，Windows 10 桌面由桌面图标、鼠标指针、任务栏和语言栏 4 部分组成。（　　）

4. 快捷方式的图标可以更改。（　　）

5. 在 Windows 10 中，无法给文件夹创建快捷方式。（　　）

6. 关闭程序窗口意味着终止该程序的运行。（　　）

7. Windows 10 中窗口和对话框相比，窗口可以移动和改变大小，而对话框仅可以改变大小，不能移动。（　　）

8. “回收站”快捷方式可以从桌面上删除。（　　）

9. 在不同状态下，鼠标指针的表现形式并没有区别。（　　）

10. 悬浮于桌面上的“语言栏”面板只能用于选择语言的输入。（　　）

11. 安装了操作系统后才能安装和使用各种应用程序。（　　）

12. 若要单击选中或取消选中某个复选框，只需单击该选项前的方框即可。（　　）

项目四 管理计算机中的资源

04

一、单选题

1. 在 Windows 10 中要改变文件或文件夹的显示方式，应使用（　　）。

A. “文件”菜单　　B. “编辑”菜单　　C. “查看”菜单　　D. “帮助”菜单

2. 在 Windows 10 中选择多个连续的文件或文件夹，应首先选择第一个文件或文件夹，然后按住（　　）键，再单击最后一个文件或文件夹。

A.【Tab】　　B.【Alt】　　C.【Shift】　　D.【Ctrl】

3. 在 Windows 10 中已经选择了若干文件和文件夹，若需取消选择某个文件或文件夹，应按住（　　）键，然后单击该文件或文件夹。

A.【Esc】　　B.【Alt】　　C.【Shift】　　D.【Ctrl】

4. 选择文件或文件夹后，按【Shift+Delete】组合键可（　　）。

A. 删除选择的对象并将其放入回收站

B. 不会删除选择的对象

C. 选择的对象不被放入回收站而直接被删除

D. 为选择的对象创建副本

5. 双击某个文件夹图标，将（　　）。

A. 删除该文件夹　　B. 打开该文件夹

C. 删除该文件夹文件　　D. 复制该文件夹文件

6. 在 Windows 资源管理器中，选择“编辑”/“剪切”命令（　　）。

A. 只能剪切文件夹　　B. 只能剪切文件

C. 可以剪切文件或文件夹　　D. 不能剪切系统文件

7. 在 Windows 窗口中，创建新的子目录，应单击（　　）选项卡中“新建”组下的“新建文件夹”按钮。

A. “主页”　　B. “文件”　　C. “共享”　　D. “查看”

8. 在 Windows 窗口中，选择某一文件夹，选择“文件”/“删除”命令，则（　　）。

A. 只删除文件夹而不删除其包含的文件

B. 删除文件夹内的某一文件

C. 删除文件夹内的所有文件而不删除文件夹

D. 删除文件夹及其内的所有文件

9. 在搜索文件或文件夹时，若用户输入“*. *”，则将搜索（　　）。

A. 所有文件名中含有*的文件　　B. 所有扩展名中含有*的文件

C. 所有文件并显示出来　　D. 文件名为“*. *”的所有文件

10. 在 Windows 10 的回收站中，可以恢复（　　）。

A. 从硬盘中删除的文件或文件夹

B. 从移动硬盘中删除的文件或文件夹

C. 剪切掉的文档

D. 从光盘中删除的文件或文件夹

11. 在 Windows 10 中按住（　　）键并拖动某一文件夹到另一文件夹中，可完成对该程序项的复制操作。

A.【Alt】　B.【Shift】　C. 空格　D.【Ctrl】

12. 下列选项中，不属于 Windows 10 中自带的库的是（　　）。

A. 视频　B. 音乐　C. 文件　D. 图片

13. 在 Windows 10 中，若要恢复回收站中的某个文件至原来的位置，在回收站中选择待恢复的文件后应选择（　　）命令。

A.“恢复选定的项目”　　B.“撤销”

C.“还原选定的项目”　　D.“还原所有项目”

14. 在 Windows 10 的窗口中，选择（　　）查看方式可显示文件的“大小”与“修改时间”。

A.“大图标”　B.“小图标”　C.“列表”　D.“详细信息”

15. 在 Windows 10 的窗口左侧窗格中单击某个磁盘，则（　　）。

A. 在左侧窗格中展开该磁盘内容

B. 在左侧窗格中显示其内容

C. 在右侧编辑区中仅显示该磁盘中的文件夹

D. 在右侧编辑区中显示该磁盘中的文件夹或文件

16. 在 Windows 10 中，当一个文件被更名后，文件的内容（　　）。

A. 完全消失　B. 完全不变　C. 发生损害　D. 不会改变

17. 查看一个图标所表示的文件类型、位置和大小等，可使用快捷菜单中的（　　）命令。

A.“打开”　B.“发送到”　C.“重命名”　D.“属性”

18. 下面关于 Windows 10 中文件名的叙述中错误的是（　　）。

A. 文件名中允许使用汉字　　B. 文件名中允许使用多个下脚点

C. 文件名中允许使用空格　　D. 文件名中允许使用竖线“|”

19. 一个文件的扩展名通常表示（　　）。

A. 文件大小　　B. 常见文件的日期

C. 文件版本　　D. 文件类型

20. 在 Windows 10 中，在“键盘属性”对话框的“速度”选项卡中可以进行的设置为（　　）。

A. 重复延迟、重复率、光标闪烁频率

B. 重复延迟、重复率、光标闪烁频率、击键频率

C. 重复延迟、重复速度、光标闪烁速度

D. 延迟时间、重复率、光标闪烁频率

二、多选题

1. 要把C盘上的某个文件夹或文件移到D盘上，可使用的方法有（　　）。
   A. 从“C盘”窗口中将其直接拖动到“D盘”窗口中
   B. 在“C盘”窗口中选择该文件或文件夹，按【Ctrl+X】组合键剪切，在“D盘”窗口中按【Ctrl+V】组合键粘贴
   C. 在“C盘”窗口中按住【Shift】键将其拖动到“D盘”窗口中
   D. 在“C盘”窗口中按住【Ctrl】键将其拖动到“D盘”窗口中
2. 在Windows 10中，下列关于新建文件夹的做法，正确的有（　　）。
   A. 单击鼠标左键，在弹出的快捷菜单中选择“新建”/“文件夹”命令
   B. 单击鼠标右键，在弹出的快捷菜单中选择“新建”/“文件夹”命令
   C. 在需要新建文件的窗口中选择按【Ctrl+Shift+N】键
   D. 在“主页”选项卡的“新建”组中单击“新建文件夹”按钮
3. 文件夹中可存放（　　）。
   A. 文件　　B. 程序　　C. 图片　　D. 子文件夹
4. 在Windows 10窗口中，通过“查看”菜单可以实现的排序方式有（　　）。
   A. 按日期显示　　B. 按文件类型显示
   C. 按文件大小显示　　D. 按文件名称显示
5. 下列选项中，可以隐藏的文件有（　　）。
   A. 程序文件　　B. 系统文件　　C. 可执行文件　　D. 图片
6. 下列对文件和文件夹的操作结果的描述，正确的有（　　）。
   A. 移动文件后，文件不会从原来的位置消失，同时在目标位置出现
   B. 复制粘贴文件后，文件会从原来的位置消失，同时在目标位置出现
   C. 移动与复制只针对选择的多个文件或文件夹，没被选择的文件不会发生变化
   D. 系统默认情况下，删除硬盘上的文件或文件夹后，删除的内容被放入回收站
7. 在英文输入状态下，下列不能作为文件名的有（　　）。
   A. *　　B. @　　C. ?　　D. \
8. 选取多个文件后，可以进行的操作有（　　）。
   A. 重命名　　B. 删除　　C. 移动　　D. 复制
9. 文件都有各自的属性，一个文件的属性通常有（　　）。
   A. 只读　　B. 隐藏　　C. 存档　　D. 其他

三、判断题

1. 文件名由主文件名和扩展名两部分组成，主文件名和扩展名之间用“.”隔开。（　　）
2. 在为Windows 10中的文件命名时，由于文件名可能用“.”，所以会出现多个扩展名。（　　）
3. 在Windows 10中，可以在一个文件夹中再建一个与之同名的子文件夹。（　　）
4. 移动文件后，文件仍然保留在原来的文件夹中，在目标文件夹中也出现该文件。（　　）

5. 文件被删除进入回收站后，仍然占用磁盘空间，必须“清空回收站”才能释放出被占用的磁盘空间。（ ）

6. 文件夹可以包含一个或多个子文件夹。（ ）

7. 将文件或文件夹改名时，可以用鼠标右键单击要改名的文件或文件夹，在弹出的快捷菜单中选择“重命名”命令，输入新名字并按【Enter】键。（ ）

8. 在文件夹窗口中，如果文件已经被选中，则按住【Ctrl】键，再单击这个文件，即可取消选中。（ ）

9. 在同一文件夹中，可以有两个名称相同的文件。（ ）

10. Windows 10 的剪贴板只能复制文本，不能复制图形或表格。（ ）

11. 文件夹中可以包含程序、文件和文件夹。（ ）

12. 通过搜索框找到若干文件，可以在“搜索结果”窗口中对这些文件进行打开、重命名和删除等操作。（ ）

13. 计算机系统中的所有文件一般可分为可执行文件和非可执行文件两大类，可执行文件的扩展名为“.exe”或“.com”。（ ）

14. 配合使用【Shift】键删除的文件不可以恢复。（ ）

15. 在 Windows 10 中，查找文件时，可以使用通配符“?”代替文件名中的一部分。（ ）

16. 在 Windows 10 中，按住鼠标左键在不同驱动器、不同文件夹内拖动某一对象，结果是复制该对象。（ ）

17. 文件和文件夹可根据需要按日期、名称、大小、类型进行排序。（ ）

18. Windows 10 中具有隐藏属性的文件的目录资料不会被显示出来。（ ）

19. 要设置和修改文件夹或文件的属性，可用鼠标右键单击该文件夹或文件的图标，在弹出的快捷菜单中选择“属性”命令。（ ）

20. 使用“记事本”可以对文本文件进行编辑。（ ）

21. 使用“画图”程序时，当默认颜色不能满足要求时，可以编辑颜色。（ ）

22. 在 Windows 10 中，文本文件只能用记事本打开，不能用 Word 文档或写字板打开。（ ）

23. Windows 10 中无须安装相应的多媒体外部设备和驱动程序就可以操作某种特定的多媒体文件。（ ）

24. 在“控制面板”窗口中单击“设备和打印机”图标，在打开的窗口中单击“添加打印机”超链接可添加打印机。（ ）

25. 用一台计算机可以安装多个打印机，包括网络打印机和本地打印机。（ ）

26. Windows 10 的附件包含了截图工具。（ ）

27. 鼠标指针双击的速度可以进行调整。（ ）

28. 在 Windows 10 中，可以安装多台默认打印机。（ ）

29. Windows 10 中的文件夹实际代表的是外存储介质上的一个存储区域。（ ）

项目五
制作并编辑Word文档

05

一、单选题

1. 在 Word 2019 中编辑文档时，单击窗口控制按钮组中的 ▬ 按钮后，会（　　）。

A. 关闭窗口　　B. 最小化窗口　　C. 使窗口独占屏幕　　D. 使当前窗口缩小

2. 在 Word 2019 主窗口的右上角，可以同时显示的按钮是（　　）。

A. “最小化”“向下还原”“最大化”　　B. “向下还原”“最大化”“关闭”

C. “最小化”“向下还原”“关闭”　　D. “向下还原”和“最大化”

3. 在 Word 2019 编辑状态下，打开计算机的“日记.docx”文档，若要把编辑后的文档以“旅行日记.htm”为名保存，则可以选择“文件”菜单中的（　　）命令。

A. “保存”　　B. “另存为”　　C. “全部保存”　　D. “保存并发送”

4. 在 Word 2019 中按（　　）可将光标快速移至文档的开端。

A.【Ctrl+Home】组合键　　B.【Ctrl+Shift+End】组合键

C.【Ctrl+End】组合键　　D.【Ctrl+Shift+Home】组合键

5. 在 Word 2019 中输入文字时，在（　　）模式下输入新的文字时，后面原有的文字将会被覆盖。

A. 插入　　B. 改写　　C. 更正　　D. 输入

6. 在 Word 2019 中不能实现选择整篇文档的操作是（　　）。

A. 按【Ctrl+C】组合键

B. 在“开始”/“编辑”组中单击“选择”按钮，在打开的下拉列表中选择“全选”选项

C. 按【Ctrl+A】组合键

D. 在文档最前面单击并按住鼠标左键不放拖动至文档末尾

7. Word 2019 文档文件的扩展名为（　　）。

A. .txt　　B. .docx　　C. .xlsx　　D. .doc

8. 在 Word 2019 窗口的编辑区，闪烁的一条竖线表示（　　）。

A. 鼠标指针位置　　B. 文本插入点位置　　C. 拼写错误　　D. 文本位置

9. 在 Word 2019 操作过程中能够显示总页数、页号、页数等信息的是（　　）。

A. 状态栏　　B. 菜单栏　　C. 快速访问工具栏　　D. 标题栏

10. 在 Word 2019 中选择一行文本的方法是（　　）。

A. 将鼠标指针置于目标处并单击

B. 将鼠标指针置于该行左侧空白处，当鼠标指针变为箭头形状时单击

C．在此行左侧空白处三击鼠标左键

D．将鼠标指针定位到该行中三击鼠标左键

11．将文本插入点定位于句子“风吹草低见牛羊”中的“草”与“低”之间，按【Delete】键，则该句子为（　　）。

A．风吹草见牛羊　B．风吹见牛羊　C．整句被删除　D．风吹低见牛羊

12．选择文本，在“字体”组中单击“字符边框”按钮A，可（　　）。

A．为所选文本添加默认边框样式　B．为当前段落添加默认边框样式

C．为所选文本所在的行添加边框样式　D．自定义所选文本的边框样式

13．为文本添加项目符号后，“项目符号”按钮的下拉列表中的“更改列表级别”选项将呈可用状态，此时（　　）。

A．在其子列表中可调整当前项目符号的级别

B．在其子列表中可更改当前项目符号的样式

C．在其子列表中可自定义当前项目符号的级别

D．在其子列表中可自定义当前项目符号的样式

14．在 Word 2019 中，输入的文本默认的对齐方式是（　　）。

A．左对齐　B．右对齐　C．居中对齐　D．两端对齐

15．“左缩进”和“右缩进”调整的是（　　）。

A．非首行　B．首行　C．整个段落　D．段前距离

16．修改字符间距的位置是（　　）。

A．“段落”对话框中的“缩进与间距”选项卡

B．“两端对齐”按钮

C．“字体”对话框中的“高级”选项卡

D．“分散对齐”按钮

17．给文字加上着重符号，可通过（　　）实现。

A．“字体”对话框　B．“段落”对话框

C．“字符”对话框　D．“符号”对话框

18．选择文本，按【Ctrl+B】组合键后，文本会（　　）。

A．加粗　B．倾斜　C．加下画线　D．设置成上标

二、多选题

1．在 Word 2019 中，可以打开 Word 文档的操作有（　　）。

A．双击已有的 Word 文档　B．选择“文件”/“打开”命令

C．按【Ctrl+O】组合键　D．选择“文件”/“最近所用的文件”命令

2．关于“保存”与“另存为”说法中错误的有（　　）。

A．在文件第一次保存时，两者功能相同

B．“另存为”是将文件另外再保存一份，但不可以重命名文件

C．用“另存为”保存的文件不能与原文件同名

D．在保存旧文件时，两者功能相同

3. 在 Word 2019 中，文档可以保存为（　　）格式。
A. Web 页　　B. 纯文本　　C. PDF　　D. RTF
4. 在 Word 2019 中，若需选择整个段落，则可执行（　　）操作。
A. 在行首单击，然后按住【Shift】键再单击段尾
B. 在段落左侧的空白处快速双击
C. 在段内任意处快速三击
D. 按住【Ctrl】键在段内任意处单击
5. 可在 Word 2019 中的“查找与替换”对话框中查找的内容包括（　　）。
A. 样式　　B. 字体　　C. 段落标记　　D. 图片
6. 在 Word 2019“段落”对话框中能完成的操作有（　　）。
A. 设置段落缩进　　B. 设置项目符号
C. 设置段落间距　　D. 设置字符间距
7. Word 2019 中，以下有关“项目符号”的说法正确的有（　　）。
A. 项目符号可以是带圈数字　　B. 项目符号可以改变格式
C. 项目符号可以是计算机中的图片　　D. 自定义项目符号时可以设置对齐方式
8. 编号可以是（　　）。
A. 罗马数字　　B. 汉字数字　　C. 大写英文字母　　D. 小写英文字母
9. 在 Word 2019 中，可以将边框添加到（　　）。
A. 文字　　B. 段落　　C. 页面　　D. 表格
10. 在 Word 2019 中选择多个图形，可（　　）。
A. 按住【Ctrl】键，再依次选取　　B. 按住【Shift】键，再依次选取
C. 按住【Alt】键，再依次选取　　D. 按住【Shift+ Ctrl】组合键，再依次选取
11. 以下关于“项目符号”的说法正确的有（　　）。
A. 可以使用“项目符号”按钮 ☰ 来添加　　B. 可以使用软键盘来添加
C. 可以使用格式刷来添加　　D. 可以自定义项目符号样式

三、判断题

1. 第一次启动 Word 2019 后系统将自动创建一个空白文档，并命名为“新文档.docx”。（　　）
2. 使用“文件”菜单中的“打开”命令可以打开一个已存在的 Word 文档。（　　）
3. 当执行了错误操作后，可以单击“撤销”按钮 ↶ 撤销当前操作，还可以通过该按钮旁的下拉列表执行多次撤销操作。（　　）
4. 在 Word 2019 中，“剪切”和“复制”命令只有在选定对象后才能使用。（　　）
5. 可以同时打开多个文档窗口，但其中只有一个是活动窗口。（　　）
6. Word 2019 中进行高级查找和替换操作时，常使用的通配符有“？”和“*”，其中，“*”表示一个任意字符，“？”表示任意多个字符。（　　）
7. 在进行替换操作时，如果“替换为”文本框中未输入任何内容，则不会进行替换操作。（　　）

项目六 排版文档

06

一、单选题

1. 若要在 Word 2019 中删除表格中的某单元格所在行，则应选择“删除单元格”对话框中的（　　）选项。

A. “右侧单元格左移”　　B. “下方单元格上移”

C. “删除整行”　　D. “删除整列”

2. 下列关于在 Word 2019 中拆分单元格的说法，正确的是（　　）。

A. 只能把表格拆分为多行　　B. 只能把表格拆分为多列

C. 可以拆分成设置的行列数　　D. 拆分的单元格必须是合并后的单元格

3. 在改变表格中某列列宽时不会影响其他列列宽的操作是（　　）。

A. 直接拖动某列的右侧栏线

B. 直接拖动某列的左侧栏线

C. 拖动某列右侧栏线的同时，按住【Shift】键

D. 拖动某列右侧栏线的同时，按住【Ctrl】键

4. 在 Word 2019 中，“页码”格式是在（　　）对话框中设置。

A. “页面设置”　　B. “页眉和页脚”

C. “页码格式”　　D. “稿子设置”

5. 在 Word 2019 中使用模板创建文档的过程是（　　），然后选择模板选项。

A. 选择“文件”/“打开”命令

B. 选择“文件”/“选项”命令

C. 选择“文件”/“新建模板文档”命令

D. 选择“文件”/“新建”命令

6. 下列有关样式的说法，正确的是（　　）。

A. 用户可以使用样式，但必须先创建样式

B. 用户可以使用 Word 2019 预设的样式，也可以自定义样式

C. Word 2019 没有预设的样式，用户只能建立后再去使用

D. 用户可以使用 Word 2019 预设的样式，但不能自定义样式

7. 在 Word 2019 的编辑状态下，为文档设置页码，可以通过（　　）。

A. “引用”/“目录”组　　B. “开始”/“样式”组

C．“插入”/“页”组　　D．“插入”/“页眉页脚”组

8. Word 2019 的页边距可以通过（　　）设置。

A．“插入”/“插图”组　　B．“开始”/“段落”组

C．“布局”/“页面设置”组　　D．“文件”/“选项”菜单命令

9. 在 Word 2019 中预览文档打印后的效果，需要使用（　　）功能。

A．打印预览　　B．虚拟打印　　C．提前打印　　D．屏幕打印

10. 下列关于 Word 2019 页面布局的功能，说法错误的是（　　）。

A．页面布局功能可以为文档设置首字下沉

B．页面布局功能可以设置文档分隔符

C．页面布局功能可以设置稿纸效果

D．页面布局功能可以为段落设置缩进与间距

11. 在 Word 2019 的编辑状态下，设置纸张大小时，应当（　　）。

A．选择“文件”/“页面设置”命令

B．在快速访问工具栏中单击“纸张大小”按钮

C．在“视图”/“页面设置”组中单击“纸张大小”按钮

D．在“布局”/“页面设置”组中单击“纸张大小”按钮

12. 目前在打印预览状态，若需打印文件，则（　　）。

A．只能在打印预览状态打印

B．在打印预览状态不能打印

C．在打印预览状态也可以直接打印

D．必须退出打印预览状态后才可以打印

13. 对于 Word 2019 中表格的叙述，正确的是（　　）。

A．表格中的数据可以进行公式计算

B．表格中的文本只能垂直居中

C．表格中的数据不能排序

D．只能在表格的外框画粗线

二、多选题

1. 下列关于 Word 2019 样式的叙述，正确的有（　　）。

A．修改样式后将自动修改使用该样式的文本的格式

B．使用样式可以简化操作，能节省更多的时间

C．样式不能重复使用

D．Word 2019 中可以新建样式

2. 在设置打印文档时，用户可以选择的打印方式有（　　）。

A．打印整篇文档　　B．打印当前页

C．打印指定的页　　D．打印选定区域的内容

3. 下列关于 Word 2019 排版的说法，正确的有（　　）。

A．在同一页面上可同时存在不同的分栏格式

B. 通过使用样式，用户可以统一设置文本的字体、字号和段落对齐方式

C. 用户可以新建多个样式

D. 用户可以为新样式设置一个快捷键，使排版更方便

4. 下面有关 Word 文档分页的叙述，正确的有（　　）。

A. 分页符不能被打印出来

B. Word 文档可以自动分页，也可以人工分页

C. 将文本插入点置于分页符上按任意键可将其删除

D. 分页符标志着前一页的结束和新一页的开始

5. 在 Word 2019 中，在文档中插入图片对象后，可以通过设置图片的文字环绕方式进行图文混排。下列属于 Word 2019 提供的文字环绕方式有（　　）。

A. 四周型　　B. 衬于文字下方　　C. 嵌入型　　D. 左右型

6. Word 2019 中可设置的视图方式有（　　）。

A. 页面视图　　B. 阅读视图

C. Web 版式视图　　D. 草稿视图

三、判断题

1. 文本可以转换为表格内容，表格内容不能转换为文本内容。（　　）

2. 在 Word 2019 的表格中，多个单元格不能合并成一个单元格。（　　）

3. 在 Word 2019 中，只能设置整个表格底纹，不能对单个单元格进行底纹设置。（　　）

4. 页眉与页脚一经插入，不能修改。（　　）

5. 在 Word 2019 中，不但可以给文本套用各种样式，还可以更改样式。（　　）

6. 在 Word 2019 中，用户可以使用系统自带的样式，也可以使用自定义样式。（　　）

7. 在 Word 2019 中，不但能插入封面和页码，而且能制作文档目录。（　　）

8. 在 Word 2019 中，不但能插入内置公式，还能插入新公式并通过“公式工具”/“设计”组进行公式编辑。（　　）

9. 通过插入分栏符，用户可以对还未填满一页的文本进行强制性分页。（　　）

10. 在编辑页眉页脚时，可同时编辑正文。（　　）

11. 在 Word 2019 中，页面设置是针对整个文档进行设置的。（　　）

12. 在 Word 2019 中，在大纲视图下不能显示页眉和页脚。（　　）

13. 在 Word 2019 中，文档默认的模板名为“Doc”。（　　）

14. 打印时，如果只打印第 2 页、第 6 页和第 7 页，应设置“页面范围”为“2、6、7”。（　　）

15. 按【Ctrl+F2】组合键既可以打开又可以关闭打印预览状态。（　　）

项目七 制作Excel表格

07

一、单选题

1. Excel 2019 工作簿文件的扩展名为（　　）。
   A. .xlsx　　B. .docx　　C. .pptx　　D. .xls
2. 按（　　）可执行保存 Excel 工作簿的操作。
   A.【Ctrl+C】组合键　　B.【Ctrl+E】组合键
   C.【Ctrl+S】组合键　　D.【Esc】键
3. 在 Excel 2019 中，Sheet1、Sheet2 等表示（　　）。
   A. 工作簿名　　B. 工作表名　　C. 文件名　　D. 数据
4. 在 Excel 2019 中打开“打开”对话框，可按组合键（　　）。
   A.【Ctrl+N】　　B.【Ctrl+S】　　C.【Ctrl+O】　　D.【Ctrl+Z】
5. 下列关于工作表的描述，正确的是（　　）。
   A. 工作表主要用于存取数据
   B. 工作表的名称显示在工作簿顶部
   C. 工作表无法修改名称
   D. 工作表的默认名称为“Sheet1、Sheet2……”
6. 在 Excel 2019 工作表中，如果要同时选择若干个连续的单元格，则可以（　　）。
   A. 按住【Shift】键，依次单击第一个和最后一个单元格
   B. 按住【Ctrl】键，依次单击第一个和最后一个单元格
   C. 按住【Alt】键，依次单击第一个和最后一个单元格
   D. 按住【Tab】键，依次单击第一个和最后一个单元格
7. 在默认情况下，Excel 2019 工作表中的数据呈白底黑字显示。为了使工作表更加美观，可以为工作表填充颜色，此时一般可通过（　　）进行操作。
   A.“页面布局”/“背景设置”组　　B.“页面布局”/“主题”组
   C.“开始”/“字体”组　　D.“页面布局”/“排列”组
8. 快速新建工作簿，可按（　　）组合键。
   A.【Shift+O】　　B.【Ctrl+O】　　C.【Ctrl+N】　　D.【Alt+O】
9. 在 Excel 2019 中，将 A1 单元格的数字格式设定为整数，当输入“11.15”时，显示为（　　）。
   A. 11.11　　B. 11　　C. 12　　D. 11.2

10. 在默认状态下，单元格中数字的对齐方式是（   ）。

A. 左对齐   B. 右对齐   C. 居中对齐   D. 两边对齐

11. 在 Excel 2019 中，先选择 A1 单元格，然后按住【Shift】键，并单击 B4 单元格，此时所选单元格区域为（   ）。

A. A1:B4   B. A1:B5   C. B1:C4   D. B1:C5

12. 将所选择的多列单元格按指定数值调整为等列宽的方法为（   ）。

A. 直接在列标处拖动到等列宽

B. 选择多列单元格拖动

C. 在“开始”/“单元格”组中单击“格式”按钮，在打开的下拉列表中选择“列宽”选项，在打开的“列宽”对话框的文本框中输入列宽数值

D. 选择“开始”/“单元格”/“格式”/“列”/“最合适列宽”命令

13. 在 Excel 2019 中，删除单元格与清除单元格的操作（   ）。

A. 不一样   B. 一样   C. 不确定   D. 确定

14. 当 Excel 2019 单元格中的数值长度超出单元格长度时，将显示为（   ）。

A. 普通记数法形式   B. 分数记数法形式

C. 科学记数法形式   D. ########

15. Excel 2019 日期格式默认为“年/月/日”，若要将日期格式改为“×年×月×日”，可通过选择（   ）组，打开“设置单元格格式”对话框进行选择。

A. “开始”/“数字”   B. “开始”/“样式”

C. “开始”/“编辑”   D. “开始”/“单元格”

16. 在下列操作中，可以在选择的单元格区域中输入相同数据的是（   ）。

A. 在编辑栏输入数据后按【Ctrl+空格】组合键

B. 在编辑栏输入数据后按【Enter】键

C. 在编辑栏输入数据后按【Ctrl+Enter】组合键

D. 在编辑栏输入数据后按【Shift+Enter】组合键

17. 如果要在 B2:B11 区域中输入数字序号 1，2，3，…，10，可先在 B2 单元格中输入数字 1，再选择单元格 B2，按住（   ）键不放，拖动控制柄至 B11 单元格。

A.【Alt】   B.【Ctrl】   C.【Shift】   D.【Insert】

18. 合并单元格是指将选择的连续单元区域合并为（   ）。

A. 1 个单元格   B. 1 行 2 列   C. 2 行 2 列   D. 任意行和列

19. 为所选择单元格区域快速套用表格样式，应通过（   ）。

A. 选择“开始”/“编辑”组   B. 选择“开始”/“样式”组

C. 选择“开始”/“单元格”组   D. 选择“页面布局”/“页面样式”组

二、多选题

1. 关于电子表格的基本概念，正确的有（   ）。

A. 工作簿是 Excel 2019 中存储和处理数据的文件

B. 工作表是存储和处理数据的工作单位

C．单元格是存储和处理数据的基本编辑单位

D．活动单元格是已输入数据的单元格

2．下列选项中，可以新建工作簿的操作包括（　　）。

A．选择“文件”/“新建”命令　　B．单击快速访问工具栏的“新建”按钮

C．使用模板　　D．选择“文件”/“打开”命令

3．在工作表的单元格中，可输入的内容包括（　　）。

A．英文　　B．中文　　C．数字　　D．公式

4．修改单元格中数据的正确方法有（　　）。

A．在编辑栏中修改　　B．使用快速访问工具栏中的按钮

C．复制和粘贴　　D．在单元格中修改

5．在 Excel 2019 中，复制单元格格式可采用（　　）。

A．链接　　B．复制 + 粘贴　　C．复制 + 选择性粘贴　　D．格式刷

6．下列选项中，不可以成功完成退出 Excel 2019 的操作有（　　）。

A．单击右上角的“关闭”按钮 ☒　　B．选择“文件”/“关闭”命令

C．选择“文件”/“退出”命令　　D．选择“文件”/“保存”命令

7．在 Excel 2019 中，使用填充功能可以实现（　　）填充。

A．等差数列　　B．等比数列

C．多项式　　D．方程组

三、判断题

1．在启动 Excel 2019 后，默认的工作簿名为“工作簿 1”。（　　）

2．在同一个工作簿中，可以为不同工作表设置相同的名称。（　　）

3．在 Excel 2019 中修改当前选择的单元格中的数据时，可通过编辑栏来完成。（　　）

4．在 Excel 2019 中拆分单元格时，像 Word 文档一样，不但可以将合并后的单元格还原，还可以插入多行多列。（　　）

5．在 Excel 2019 中表示一个数据区域，如表示 A3 单元格到 E6 单元格之间的区域，其表示方法为“A3:E6”。（　　）

6．在 Excel 2019 中，“移动或复制工作表”命令只能将选定的工作表移动或复制到同一工作簿的不同位置。（　　）

7．在 Excel 2019 中，如果要在工作表的 D 列和 E 列中间插入一列，应先选择 D 列的某个单元格，然后进行相关操作。（　　）

8．在 Excel 2019 单元格中输入“3/5”，表示数值五分之三。（　　）

9．Excel 2019 中的有效数据是指用户可以预先设置某一单元格允许输入的数据类型和范围，并可以设置提示信息。（　　）

10．在 Excel 2019 中，可以根据需要为表格添加边框线，并设置边框的样式和宽度。（　　）

11．在 Excel 2019 中选择不连续的单元格区域时要按住【Shift】键，选择连续单元格区域时要按住【Ctrl】键。（　　）

12．“A”工作簿中的工作表可以复制到“B”工作簿中。（　　）

13. Excel 2019 中删除行（或列），则后面的行（或列）可以依次向上（或向左）移动。（ ）
14. 在 Excel 2019 中插入单元格后，现有的单元格位置不会发生变化。（ ）
15. 直接单击工作表标签即可选择该工作表。（ ）
16. 在工作表上单击该行的列标即可选择该行。（ ）
17. 为了使单元格区域更加美观，可以为单元格设置边框或底纹。（ ）

项目八 计算和分析Excel数据

08

一、单选题

1. Excel 2019 的“公式”选项卡中的 Σ 按钮的作用是（　　）。

A. 自动求和　B. 求均值　C. 升序　D. 降序

2. 如果要在 G2 单元格得到 B2 单元格到 F2 单元格的数值的和，应在 G2 单元格中输入（　　）。

A. “=SUM（B2，F2）”　B. “=SUM（B2:F2）”

C. “SUM（B2，F2）”　D. “SUM（B2:F2）”

3. 在 Excel 2019 工作表的公式中，“SUM（B3:C4）”的含义是（　　）。

A. 对 B3 与 C4 两个单元格中的数据求和

B. 对从 B3 到 C4 的单元格区域内所有单元格中的数据求和

C. 对 B3 与 C4 两个单元格中的数据求平均值

D. 对从 B3 到 C4 的单元格区域内所有单元格中的数据求平均值

4. 在 Excel 2019 工作表的公式中，“AVERAGE（B3:C4）”的含义是（　　）。

A. 对 B3 与 C4 两个单元格中的数据求和

B. 对从 B3 与 C4 的单元格区域内所有单元格中的数据求和

C. 对 B3 与 C4 两个单元格中的数据求平均值

D. 对从 B3 到 C4 的单元格区域内所有单元格中的数据求平均值

5. 假设单元格区域 A1:A4 的内容为 8、3、83、9，则公式“=MIN（A1:A4，2）”的返回值为（　　）。

A. 2　B. 3　C. 4　D. 83

6. 函数 COUNT 的功能是（　　）。

A. 求和　B. 求均值　C. 求最大值　D. 求个数

7. 将单元格 L2 的公式“=SUM（C2:K3）”复制到单元格 L3 中，显示的公式是（　　）。

A. “=SUM（C2:K2）”　B. “=SUM（C3:K4）”

C. “=SUM（C2:K3）”　D. “=SUM（C3:K2）”

8. 删除工作表中与图表链接的数据时，图表将（　　）。

A. 被复制　B. 必须编辑删除相应的数据点

C. 不会发生变化　D. 自动删除相应的数据点

9. 在 Excel 2019 中，图表是数据的一种图像表示形式，图表是动态的，改变了图表（　　）

后，Excel 2019 会自动更改图表。

A. x轴数据　　B. y轴数据　　C. 数据　　D. 标题

10. 在 Excel 2019 中，最适合反映单个数据在所有数据构成的总和中所占比例的一种图表类型是（　　）。

A. 散点图　　B. 折线图　　C. 柱形图　　D. 饼图

11. 在 Excel 2019 中，最适合反映数据的发展趋势的一种图表类型是（　　）。

A. 散点图　　B. 折线图　　C. 柱形图　　D. 饼图

12. 要在一张工作表中迅速地找出性别为“男”且总分大于 350 的所有记录，可在性别和总分字段后输入（　　）。

A. 男>350　　B. “男”>350　　C. =男>350　　D. =“男”>350

13. 下列选项中，（　　）不能用于对数据表进行排序。

A. 单击数据区域中任意单元格，然后单击“数据”/“排序与筛选”组中的“升序”或“降序”按钮

B. 选择要排序的数据区域，然后单击“数据”/“排序与筛选”组中的“升序”或“降序”按钮

C. 选择要排序的数据区域，然后使用“编辑”栏中的“升序”和“降序”命令

D. 选择要排序的数据区域，然后使用快捷菜单中的“排序”命令

14. 下列各项中，对 Excel 2019 中的筛选功能描述正确的是（　　）。

A. 按要求对工作表数据进行排序

B. 隐藏符合条件的数据

C. 只显示符合设定条件的数据，而隐藏其他数据

D. 按要求对工作表数据进行分类

15. 在 Excel 2019 中制作学生成绩单时，要对不及格的成绩用醒目的方式表示（如用红色表示等），利用（　　）功能最为方便。

A. 查找　　B. 条件格式　　C. 数据筛选　　D. 定位

16. 关于分类汇总，叙述正确的是（　　）。

A. 分类汇总前首先应按分类字段值对记录排序

B. 分类汇总只能按一个字段分类

C. 只能对数值型字段进行汇总统计

D. 汇总方式只能求和

17.（　　）可以快速汇总大量的数据，同时对汇总结果进行各种筛选以查看源数据的不同统计结果。

A. 数据透视表　　B. SmartArt 图形　　C. 图表　　D. 表格

18. 在排序时，将工作表的第一行设置为标题行，若选择标题行一起参与排序，则排序后标题行（　　）。

A. 总出现在第一行　　B. 总出现在最后一行

C. 按照指定的排列顺序而定其出现位置　　D. 总不显示

二、多选题

1. 下列关于 Excel 2019 中的图表的说法，正确的有（　　）。
   A. 图表与生成的工作表数据相独立，不自动更新
   B. 图表类型一旦确定，生成后不能再更新
   C. 图表选项可以在创建时设定，也可以在创建后修改
   D. 图表可以作为对象插入，也可以作为新工作表插入
2. 数据筛选主要可分为（　　）。
   A. 直接筛选　　B. 自动筛选　　C. 高级筛选　　D. 自定义筛选
3. 下列属于常见图表类型的有（　　）。
   A. 柱形图　　B. 环状图　　C. 条形图　　D. 折线图
4. 在 Excel 2019 中，“数据透视表字段”窗格的 4 个区域，分别是（　　）。
   A. 行区域　　B. 筛选区域　　C. 列区域　　D. 值区域
5. 下列选项中，属于数据透视表的数据来源的有（　　）。
   A. Excel 2019 数据清单或数据库　　B. 外部数据库
   C. 多重合并计算数据区域　　D. 查询条件
6. 在 Excel 2019 的数据清单中进行排序操作时，当以“姓名”字段作为关键字进行排序时，系统将按“姓名”的（　　）为序重排数据。
   A. 拼音字母　　B. 部首偏旁　　C. 输入码　　D. 笔画

三、判断题

1. 在单元格中输入“=SUM（$A$1:$A$10）”或“=SUM（A1:A10）”，结果一样。（　　）
2. 图表创建完成以后，仍可以在图表中直接修改图表标题。（　　）
3. 一个数据透视表若以另一个数据透视表为数据源，则在作为源数据的数据透视表中创建的计算字段和计算项也将影响另一个数据透视表。（　　）
4. 对于已经创建好的图表，如果源工作表中数据项目（列）增加，则图表将自动增加新的项目。（　　）
5. 在 Excel 2019 中进行自动排序的操作时，当只选择表中的一列数据时，其他列数据不发生变化。（　　）
6. 表格的排序，既可以按行进行，也可以按列进行。（　　）
7. 使用分类汇总之前，最好将数据排序，使同一字段值的记录集中在一起。（　　）
8. 在 Excel 2019 中，数据筛选是指从表格中选取满足条件的数据，将所有不满足条件的数据行隐藏起来。（　　）
9. MIN 函数的语法结构为 MIN(number1,number2,...)。（　　）
10. Excel 2019 不但能计算数据，还可对数据进行排序、筛选和分类汇总等。（　　）
11. 利用复杂的条件来筛选数据时，可以使用“高级筛选”功能。（　　）
12. 插入图表后，用户不能更改其图表类型。（　　）

13. 进行分类汇总时，应先进行排序操作。（ ）

14. “Sheet3!B5”是指“Sheet3”工作表中 B 列第 5 行所对应的单元格地址。（ ）

15. 迷你图虽然简洁美观，但不利于数据分析工作的开展。（ ）

16. 在 Excel 2019 中，可以通过“数据”/“排序与筛选”组中的“筛选”按钮来筛选数据。（ ）

项目九 制作演示文稿

09

一、单选题

1. 使用 PowerPoint 2019 制作幻灯片时，主要通过（　　）制作幻灯片。
   A. 状态栏　　B. 幻灯片编辑区　　C. 大纲区　　D. 备注区
2. 在 PowerPoint 2019 的下列视图模式中，（　　）可以进行文本的输入。
   A. 普通视图、幻灯片浏览视图、大纲视图
   B. 大纲视图、备注页视图、幻灯片放映视图
   C. 普通视图、大纲视图、备注页视图
   D. 普通视图、大纲视图、幻灯片放映视图
3. 不能插入新幻灯片的方法是（　　）。
   A. 单击“开始”/“幻灯片”组中的“新建幻灯片”按钮
   B. 按【Enter】键
   C. 按【Ctrl+M】组合键
   D. 按【Ctrl+C】组合键
4. 启动 PowerPoint 2019 后，可通过（　　）新建演示文稿。
   A. 选择“文件”/“新建”命令
   B. 在默认的快速访问工具栏中单击“新建”按钮
   C. 按【Ctrl+O】组合键
   D. 按【Ctrl+M】组合键
5. 在下列操作中，不能删除幻灯片的操作是（　　）。
   A. 在幻灯片浏览窗格中选择幻灯片，按【Delete】键
   B. 在幻灯片浏览窗格中选择幻灯片，按【BackSpace】键
   C. 在幻灯片浏览窗格中选择幻灯片，单击鼠标右键，选择“重设幻灯片”命令
   D. 在幻灯片浏览窗格中选择幻灯片，单击鼠标右键，在弹出的快捷菜单中选择“删除幻灯片”命令
6. 下列操作中，不可以保存演示文稿的操作是（　　）。
   A. 在“文件”菜单中选择“保存”命令　　B. 单击“保存”按钮
   C. 按【Ctrl+S】组合键　　D. 按【Ctrl+M】组合键
7. 对演示文稿中的幻灯片进行操作，通常包括（　　）。

A. 选择、插入、移动、复制和删除幻灯片
B. 选择、插入、移动和复制幻灯片
C. 选择、移动、复制和删除幻灯片
D. 复制、移动和删除幻灯片

8. 在 PowerPoint 2019 中，更改当前演示文稿的主题后，(　　)。
A. 所有幻灯片均采用新主题
B. 只有当前幻灯片采用新主题
C. 所有的图片均丢失
D. 除已加入的空白幻灯片外，所有的幻灯片均采用新主题

9. 下列关于幻灯片的移动、复制和删除等操作，叙述错误的是(　　)。
A. 在幻灯片浏览视图中最方便进行这些操作
B. “复制”命令只能在同一演示文稿中进行
C. “剪切”命令也可用于删除幻灯片
D. 选择幻灯片后，按【Delete】键可以删除幻灯片

10. 下列关于 PowerPoint 2019 的说法，错误的是(　　)。
A. 可以在幻灯片浏览视图中调整幻灯片中动画对象的出现顺序
B. 可以在普通视图中设置幻灯片中文本和对象的动画效果
C. 可以在普通视图中设置幻灯片的切换效果
D. 可以在普通视图中设置幻灯片中文本的字体格式

11. 下列有关选择幻灯片的操作，说法错误的是(　　)。
A. 在幻灯片浏览窗格中单击幻灯片
B. 如果要选择多张不连续的幻灯片，则在幻灯片浏览窗格中按【Ctrl】键并单击各张幻灯片
C. 如果要选择多张连续的幻灯片，则在幻灯片浏览窗格中按【Shift】键并单击最后要选择的幻灯片
D. 在幻灯片浏览窗格中，不可以选择多张幻灯片

12. 关闭 PowerPoint 2019 时，若不保存修改过的文档，则(　　)。
A. 系统会发生崩溃　　B. 刚刚编辑过的内容将会丢失
C. PowerPoint 2019 将无法正常启动　　D. 硬盘产生错误

13. 在 PowerPoint 2019 中，如需在占位符中添加文本，其正确的操作是(　　)。
A. 单击占位符，将文本插入点置于占位符内
B. 单击“开始”/“剪贴板”组中的“插入”按钮
C. 单击“开始”/“剪贴板”组中的“粘贴”按钮插入文本
D. 单击“新建”按钮创建新的文本

14. 在 PowerPoint 2019 中，若需用文本框在幻灯片中添加文本，则应该在“插入”/“文本”组中单击(　　)按钮。
A. “图片”　　B. “文本框”　　C. “文字”　　D. “表格”

15. 下列有关在 PowerPoint 2019 中移动和复制文本的叙述，不正确的是(　　)。
A. 在复制文本前，必须先选择文本

B．复制文本的快捷键是【Ctrl+C】组合键
C．文本的剪切和复制没有区别
D．能在多张幻灯片间进行复制文本的操作

16．在 PowerPoint 2019 中进行粘贴操作时，可通过按（　　）组合键实现。
A．【Ctrl+C】　　B．【Ctrl+P】　　C．【Ctrl+X】　　D．【Ctrl+V】

17．下列关于设置文本段落格式的叙述，正确的是（　　）。
A．图片不能作为项目符号
B．设置文本的段落格式时，一般通过“格式”/“排列”组进行操作
C．行距可以由用户自己设置
D．文本段落只能设置为左对齐

18．在 PowerPoint 2019 中创建表格时，一般在（　　）中进行操作。
A．“插入”/“图片”组　　B．“插入”/“对象”组
C．“插入”/“表格”组　　D．“插入”/“绘制表格”组

19．下列关于在 PowerPoint 2019 中插入图片的叙述，错误的是（　　）。
A．插入的图片可以设置阴影效果
B．在 PowerPoint 2019 中，可以通过占位符插入图片
C．可以插入本地图片，也可以插入网络中的图片
D．用户可以根据需要更改幻灯片中的图片大小和位置

二、多选题

1．下列关于在 PowerPoint 2019 中新建新幻灯片的叙述，正确的有（　　）。
A．新幻灯片可以用多种方式创建
B．新幻灯片只能在幻灯片浏览窗格中创建
C．新幻灯片的版式可以根据需要来选择
D．新幻灯片不能删除

2．下列关于在幻灯片占位符中插入文本的叙述，正确的有（　　）。
A．插入的文本一般不加限制
B．插入的文本可以重新设置字体格式
C．插入标题文本一般在状态栏中进行
D．插入标题文本可以在幻灯片浏览窗格中进行

3．在 PowerPoint 2019 幻灯片浏览视图中，可进行的操作有（　　）。
A．复制幻灯片　　B．对幻灯片文本内容进行编辑修改
C．设置幻灯片的切换效果　　D．设置幻灯片对象的动画效果

4．在 PowerPoint 2019 的幻灯片浏览视图中，可进行（　　）操作。
A．复制幻灯片　　B．删除幻灯片
C．幻灯片文本内容的编辑修改　　D．重排演示文稿所有幻灯片的顺序

5．下列关于在 PowerPoint 2019 中选择文本的说法，正确的有（　　）。
A．文本选择完毕，所选文本会出现底纹

B. 文本选择完毕，所选文本会具有闪烁效果

C. 单击文本区，会显示文本插入点

D. 单击文本区，文本框会具有闪烁效果

6. 下列有关移动、复制和粘贴文本的叙述，正确的有（　　）。

A. 剪切文本的快捷键是【Ctrl+P】组合键

B. 复制文本的快捷键是【Ctrl+C】组合键

C. 文本的复制和剪切是有区别的

D. 通过“选择性粘贴”功能可粘贴无格式文本

7. 下列关于在 PowerPoint 2019 中创建表格的说法，正确的有（　　）。

A. 打开一个演示文稿，选择需要插入表格的幻灯片，通过“插入”/“表格”组可创建表格

B. 单击“表格”按钮，在打开的下拉列表中直接设置表格的行数和列数

C. 在“插入表格”对话框中可输入要插入表格的行数和列数

D. 完成插入后，表格的行数和列数无法修改

三、判断题

1. 在 PowerPoint 2019 大纲视图模式下，可以实现在其他视图中可实现的一切编辑功能。（　　）

2. 选择某张幻灯片，按【Enter】键可以在该幻灯片后插入新幻灯片。（　　）

3. 直接按【Ctrl+N】组合键可以在当前幻灯片后插入新幻灯片。（　　）

4. 当要移动多张连续的幻灯片时，先选择要移动的多张幻灯片中的第 1 张，然后按住【Shift】键单击最后一张幻灯片，再进行移动操作即可。（　　）

5. 单击“大纲视图”按钮后，幻灯片编辑区左侧将显示当前演示文稿中各张幻灯片的文本大纲。（　　）

6. PowerPoint 2019 中的默认视图是幻灯片浏览视图。（　　）

7. 在幻灯片浏览视图中不能编辑幻灯片中的具体内容。（　　）

8. 幻灯片编辑区主要用于显示和编辑幻灯片的内容。（　　）

9. 在 PowerPoint 2019 中，单击“开始”/“幻灯片”组中的“节”按钮，可使用“节”功能。（　　）

10. 在 PowerPoint 2019 中，单击“插入”/“文本”组中的“幻灯片编号”按钮，可设置页眉、页脚、日期和时间。（　　）

11. 在占位符中添加的文本无法修改。（　　）

12. 在 PowerPoint 2019 的形状中添加了文本后，无法改变该形状的大小。（　　）

13. 在 PowerPoint 2019 中设置文本的字体格式时，文本的效果选项可以不进行设置。（　　）

14. 在 PowerPoint 2019 中可以根据需要把图片设置为项目符号。（　　）

15. 在幻灯片中创建表格时，如果操作错误，可以通过“撤销”按钮来撤销操作。（　　）

项目十
设置并放映演示文稿

10

一、单选题

1. 在 PowerPoint 2019 中，下列说法中错误的是（　　）。
   A. 可以动态显示文本和对象　　B. 可以更改动画对象的出现顺序
   C. 图表不可以设置动画效果　　D. 可以设置幻灯片的切换效果
2. 在演示文稿中插入超链接时，所链接的目标不能是（　　）。
   A. 另一个演示文稿　　B. 同一个演示文稿中的某一张幻灯片
   C. 其他程序的文档　　D. 幻灯片中的某一个对象
3. 下列关于幻灯片的说法，错误的是（　　）。
   A. 幻灯片上动画的出现顺序不能随意修改
   B. 动画在播放之后可以再添加效果
   C. 可以在演示文稿中添加超链接，然后通过它跳转到不同的位置
   D. 创建超链接时，链接目标可以是文本或网页
4. 在 PowerPoint 2019 中应用新主题后，新主题将会改变原主题的（　　）。
   A. 配色方案　　B. 字体　　C. 标题母版　　D. 以上选项都对
5. 下列关于 PowerPoint 2019 的说法，正确的是（　　）。
   A. 不可以将演示文稿中选择的文本链接到该演示文稿中的其他幻灯片
   B. 可以为幻灯片中的对象设置播放动画的时间和顺序
   C. PowerPoint 2019 演示文稿的扩展名为“.pot”
   D. 不能在一个演示文稿中同时使用不同的背景图片
6. 下列（　　）是在幻灯片母版上不可能完成的操作。
   A. 使相同的图片出现在所有幻灯片的相同位置
   B. 使所有幻灯片具有相同的背景颜色及图案
   C. 使所有幻灯片的占位符具有相同格式
   D. 通过幻灯片母版编辑所有幻灯片中的内容
7. 若要改变超链接文字的颜色，应该通过（　　）。
   A. “超链接设置”对话框　　B. “幻灯片版面设置”对话框
   C. “字体设置”对话框　　D. “字体颜色”按钮
8. 在 PowerPoint 2019 中，为所有幻灯片中的对象设置统一样式，需应用（　　）的功能。

A. 模板　　B. 幻灯片母版　　C. 版式　　D. 样式

9. 在幻灯片放映过程中，按（　　）可以退出幻灯片放映。

A. 空格键　　B.【Esc】键　　C. 鼠标左键　　D. 鼠标右键

10. 在设置幻灯片切换效果时，应通过（　　）来进行。

A. “动作”按钮　　B. “切换”/“切换到此幻灯片”组
C. “动画”/“动画”组　　D. “自定义动画”按钮

11. 下列（　　）的放映方式不是全屏幕放映。

A. 讲演者放映　　B. 从头开始放映　　C. 观众自行浏览　　D. 在展台浏览

12. 在演示文稿中设置幻灯片的切换速度是在（　　）中进行的。

A. “切换”/“切换到此幻灯片”组的列表框
B. “切换”/“切换到此幻灯片”组的“效果选项”下拉列表
C. “切换”/“计时”组
D. “动画”/“高级动画”组

13. 在幻灯片中插入媒体文件主要通过（　　）进行。

A. “插入”/“媒体”组　　B. “插入”/“对象”组
C. “插入”/“符号”组　　D. “插入”/“公式”组

14. 母版分为（　　）。

A. 幻灯片母版和讲义母版
B. 幻灯片母版和标题母版
C. 幻灯片母版、讲义母版、标题母版和备注母版
D. 幻灯片母版、讲义母版和备注母版

15. PowerPoint 2019 提供了文件的（　　）功能，可以将演示文稿及其所链接的各种声音、图片等外部文件统一保存起来。

A. 定位　　B. 另存为　　C. 存储　　D. 打包

16. 如果要在“动画窗格”窗格中更改幻灯片上各对象出现的顺序，则一般可通过（　　）来调整。

A. 选择需调整的动画，并将其拖动至所需位置
B. 选择需调整的动画，单击鼠标右键，通过右键快捷菜单
C. “动画”/“动画”组
D. “动画”/“高级动画”组

17. 在 PowerPoint 2019 中，一般通过（　　）来添加动作按钮。

A. “插入”/“插图”组　　B. “插入”/“动作”组
C. “插入”/【对象】组　　D. “插入”/“链接”组

二、多选题

1. 下列选项中，可以设置动画效果的幻灯片对象有（　　）。

A. 声音和视频　　B. 文字　　C. 图片　　D. 图表

2. 关于在幻灯片中插入音频文件的操作，下列说法中正确的有（　　）。

A. 插入音频文件的操作包括插入“PC 上的音频”和“录制音频”

B. 在幻灯片中插入音频文件后，当前幻灯片中会出现一个声音图标，通过“音频工具”/“播放”组可对音频播放进行设置

C. 通过“动画”/“动画”组执行插入音频文件的操作

D. 通过“播放”/“音频选项”组可对音频文件播放方式进行设置

3. 下列说法中正确的有（　　）。

A. 通过“插入”/“媒体”组插入视频文件

B. 在幻灯片中插入视频文件后，可对视频外观进行设置和美化

C. 插入视频文件包括插入“联机视频”和“PC 上的视频”

D. 在“插入视频文件”对话框中，只需双击要插入的影片即可完成插入

4. 下列关于动画设置的说法，正确的有（　　）。

A. 通过“动画”/“动画”组可添加动画

B. 如果要预览动画，可在“动画”/“预览”组中单击“预览”按钮

C. 动画只能通过幻灯片放映查看，不能直接预览

D. 单击“动画窗格”按钮，在打开的窗格中可对动画进行详细设置

5. 下列属于常用进入动画效果的有（　　）。

A. 飞入　　B. 擦除　　C. 形状　　D. 打字机

三、判断题

1. 动画计时和切换计时是设置切换和动画效果时对其速度的设定。（　　）

2. 在拥有母版的演示文稿中添加幻灯片后，新添加的幻灯片中也将应用该母版格式。（　　）

3. 用户只能为文本对象设置动画效果。（　　）

4. 在放映幻灯片的过程中，用户还可设置其声音效果。（　　）

5. 母版可用来为同一演示文稿中的所有幻灯片设置统一的版式和格式。（　　）

6. 在 PowerPoint 2019 中创建了幻灯片后，该幻灯片即具有了默认的切换动画效果，如果用户对该效果不满意，可重新设置。（　　）

7. 在 PowerPoint 2019 中，排练计时是一种经常使用的设定放映时间的方法。（　　）

8. 在 PowerPoint 2019 中，让不需要的幻灯片在放映时隐藏，可以通过“幻灯片放映”/“设置”组中的“隐藏幻灯片”按钮来设置。（　　）

9. 如果要退出幻灯片放映，可直接按【Esc】键。（　　）

10. 在 PowerPoint 2019 中，若需要复制幻灯片中的动画效果，可在“动画”/“高级动画”组中单击“动画刷”按钮，将动画效果复制给其他幻灯片对象。（　　）

项目十一 认识并使用计算机网络

11

一、单选题

1. 如果要把计算机用 ADSL 拨号的方式连入 Internet，除需具有性能合适的计算机外，硬件上还应配置一个（　　）。

A. 连接器　　B. 调制解调器
C. 路由器　　D. 集线器

2. Internet 最基本的通信协议是（　　）。

A. X.25　　B. TCP/IP
C. FTP　　D. UDP

3. TCP 工作在（　　）。

A. 物理层　　B. 链路层
C. 传输层　　D. 应用层

4. 在 Internet 中，主机域名和主机 IP 地址之间的关系是（　　）。

A. 完全相同，毫无区别　　B. 一一对应
C. 一个 IP 地址对应多个域名　　D. 一个域名对应多个 IP 地址

5. a@b.cn 表示一个（　　）。

A. IP 地址　　B. 电子邮箱
C. 域名　　D. 网络协议

6. 在浏览网页的过程中，当鼠标指针移动到已设置了超链接的区域时，鼠标指针形状一般变为（　　）。

A. 小手形状　　B. 双向箭头
C. 禁止图案　　D. 下拉箭头

7. 下列 4 项中表示域名的是（　　）。

A. www.ryjiaoyu.com　　B. hk@zjde.×××××.com
C. zjwww@×××××.com　　D. 202.96.68.1234

8. 下列软件中，可以查看 WWW 信息的是（　　）。

A. 游戏软件　　B. 财务软件
C. 杀毒软件　　D. 浏览器软件

9. IP 地址是由一组长度为（　　）的二进制数字组成的。
   A. 8 位　　B. 16 位　　C. 32 位　　D. 20 位
10. Internet 与 WWW 的关系是（　　）。
    A. 均为互联网，只是名称不同
    B. WWW 只是在 Internet 上的一个应用功能
    C. Internet 与 WWW 没有关系
    D. Internet 就是 WWW
11. 超文本的含义是（　　）。
    A. 该文本中包含有图形、图像
    B. 该文本中包含有二进制字符
    C. 该文本中包含有与其他文本的链接
    D. 该文本中包含有多媒体信息
12. WWW 浏览器是（　　）。
    A. 一种操作系统
    B. TCP / IP 体系中的协议
    C. 浏览 WWW 的客户端软件
    D. 收发电子邮件的程序
13. 用户使用 WWW 浏览器访问 Internet 上任何 WWW 服务器，所看到的第一个网页称为（　　）。
    A. 主页　　B. Web 页　　C. 文件　　D. 目录
14. 浏览器的作用是（　　）。
    A. 收发电子邮件
    B. 负责信息显示和向服务器发送请求
    C. 用程序编辑器编制程序
    D. 网络互联
15. Microsoft Edge 浏览器中的“收藏夹”的主要作用是收藏（　　）。
    A. 图片　　B. 邮件　　C. 网址　　D. 文档
16. 下列属于搜索引擎的是（　　）。
    A. 百度　　B. 爱奇艺　　C. 迅雷　　D. 优酷
17. 在网站上播放和观看视频时，不可以进行的操作是（　　）。
    A. 暂停当前播放的视频
    B. 调整当前视频的播放进度
    C. 调整当前视频的播放音量
    D. 将当前播放视频拖曳至其他客户端播放

二、多选题

1. 下列选项中，Internet 能够提供的服务有（　　）。
   A. 文件传输　　B. 收发电子邮件

C．远程登录　　　　　　　　　　D．网上冲浪

2．IP 地址由（　　）组成。

A．网络地址　　B．主机地址　　C．虚拟地址　　D．现实地址

三、判断题

1．FTP 是 Internet 上使用的协议。（　　）

2．WWW 是一种基于超文本方式的信息查询工具。（　　）

3．IP 地址由一组 16 位的二进制数组成。（　　）

4．域名的最高层均代表国家（或地区）。（　　）

5．Internet 使用的语言是 TCP/IP。（　　）

6．可为一个主机的 IP 地址定义多个域名。（　　）

7．Internet 是一个提供专门网络服务的国际性组织。（　　）

8．一个完整的 URL 地址由“协议名称”和“服务器名称”组成。（　　）

9．计算机接入局域网必须安装集线器和网络适配器。（　　）

10．必须通过浏览器才可以使用 Internet 提供的服务。（　　）

11．调制解调器的性能是决定上网速度快慢的关键因素。（　　）

12．超链接是指从一个网页指向一个目标的连接关系，这个目标可以是另一个网页，也可以是相同网页上的不同位置。（　　）

项目十二 做好计算机维护与安全管理

12

一、单选题

1. 一个磁盘由若干个磁盘分区组成，分别是主分区和（　　）。

A．物理分区　　B．间接分区　　C．直接分区　　D．扩展分区

2. 产生磁盘碎片的主要原因一般包括下载和（　　）。

A．无用文件过多　　B．文件没删除干净

C．文件存储量过大　　D．文件的操作

3. 要想打开注册表，应该在 Windows 状态栏上单击“搜索”按钮，再在“搜索”框中输入（　　）命令。

A．regedit　　B．compmgmt.msc

C．comn　　D．msconfig

4. 计算机在使用过程中产生的无用垃圾文件和临时文件会占用磁盘空间，并（　　）。

A．影响系统的运行速度　　B．影响其他文件的存放

C．影响计算机软件的使用　　D．容易感染病毒

5. 在磁盘碎片整理窗口中，“分析”的作用是（　　）。

A．判断是否需要进行碎片整理

B．优化磁盘文件系统，为整理碎片做准备

C．进行磁盘碎片整理

D．以上都不对

6. 通过设置 Windows 的虚拟内存，可以（　　）。

A．增加系统原本的内存空间　　B．将部分硬盘空间充当内存使用

C．提高系统的运行速度　　D．提高内存空间的利用率

7. 系统自动更新一般是通过（　　）窗口进行设置。

A．计算机管理　　B．Windows 更新

C．计算机　　D．系统配置

8. 下列选项中，计算机感染病毒的可能途径是（　　）。

A．用键盘输入数据　　B．通过电源线

C．所使用的硬盘表面不清洁　　D．通过 Internet 中的 E-mail

9. 下列选项中，可以防止移动硬盘感染计算机病毒的方法是（　　）。

A. 使移动硬盘远离电磁场
B. 定期对移动硬盘做格式化处理
C. 对移动硬盘加上写保护
D. 禁止与有病毒的其他移动硬盘放在一起

10. 计算机病毒会造成（　　）。
A. CPU 烧毁　　B. 磁盘驱动器损坏
C. 程序和数据破坏　　D. 磁盘物理损坏

11. 按其寄生场所不同，计算机病毒可分为引导型病毒和（　　）两大类。
A. 娱乐性病毒　　B. 破坏性病毒
C. 文件型病毒　　D. 潜在性病毒

12. 下列属于计算机常见病毒的特点的是（　　）。
A. 良性、恶性、明显性和周期性
B. 周期性、隐蔽性、复发性和良性
C. 隐蔽性、潜伏性、传染性和破坏性
D. 只读性、趣味性、隐蔽性和传染性

13. 可以感染 Windows 操作系统的文件的扩展名一般为（　　）。
A. .docx 和.dll　　B. .docx 和.xlsx
C. .exe 和.txt　　D. .exe 和.dll

14. 为了预防计算机病毒，对于外来磁盘应（　　）。
A. 禁止使用　　B. 先查毒，后使用
C. 使用后就杀毒　　D. 随便使用

15. 出现下列（　　）现象时，应首先考虑计算机感染了病毒。
A. 不能读取光盘　　B. 系统报告磁盘已满
C. 程序运行速度明显变慢　　D. 开机启动 Windows 10 时，首先扫描硬盘

16. 发现计算机感染病毒后，可通过（　　）操作清除病毒。
A. 使用杀毒软件　　B. 扫描磁盘
C. 整理磁盘碎片　　D. 重新启动计算机

17. 下列不属于第三方系统保护软件的是（　　）。
A. “卡巴斯基”　　B. “金山毒霸”　　C. “瑞星杀毒”　　D. “鲁大师”

二、多选题

1. 下列可能会产生磁盘碎片的操作包括（　　）。
A. 移动文件　　B. 删除文件　　C. 添加文件　　D. 查杀系统

2. 磁盘分区包括（　　）。
A. 主分区　　B. 扩展分区　　C. 物理分区　　D. 原始分区

3. 计算机病毒（　　）。
A. 可能会损坏系统数据　　B. 是人为编制的具有传染性的程序
C. 是计算机硬件的故障　　D. 是计算机软件的故障

4. Outlook 可以实现（　　）功能。
   A. 日程管理　　B. 收发电子邮件
   C. 网上冲浪　　D. 防治病毒
5. 下列关于计算机病毒的说法，正确的有（　　）。
   A. 计算机病毒能自我复制
   B. 计算机病毒具有隐蔽性
   C. 计算机病毒是一段程序
   D. 计算机病毒是一种危害计算机的生物病毒
6. 下列关于防止计算机病毒传染的方法，错误的有（　　）。
   A. 干净的硬盘不要与来历不明的硬盘放在一起
   B. 不要复制来历不明的硬盘上的文件
   C. 长时间不用的硬盘要经常格式化
   D. 对硬盘上的文件要经常复制

三、判断题

1. 磁盘主分区只能分为两个分区。（　　）
2. 当不需要使用某个磁盘分区时，可将其删除。（　　）
3. 清理磁盘空间可以优化磁盘空间。（　　）
4. 磁盘清理可以帮助释放硬盘驱动器的空间。（　　）
5. 发现计算机病毒后，比较彻底的清除方式是格式化磁盘。（　　）
6. 计算机病毒是计算机软件出现的故障。（　　）
7. 鼠标操作不灵活，应首先考虑计算机是否感染病毒。（　　）
8. 计算机病毒的最终目的是干扰和破坏系统的软、硬件资源。（　　）
9. 计算机病毒具有潜伏性。（　　）
10. 扫描仪可以在计算机之间传播病毒。（　　）
11. 计算机病毒是一段程序，对计算机无直接危害。（　　）

附录

习题集参考答案

项目一

一、单选题

1	2	3	4	5	6	7	8	9	10
D	B	B	A	B	B	B	A	A	B
11	12	13	14	15	16	17	18	19	20
A	C	D	D	A	B	C	C	C	A
21	22	23	24						
C	B	B	D						

二、多选题

1	2	3	4	5	6	7	8	9	10
ABD	AD	ACD	ACD	ABD	ABC	AC	ABD	BD	ABCD
11	12	13							
AD	ABCD	ABCD							

三、判断题

1	2	3	4	5	6	7	8	9	10
×	√	√	×	×	×	×	√	×	√
11	12	13	14	15	16				
×	×	√	×	×	√				

项目二

一、单选题

1	2	3	4						
D	A	A	B						

二、多选题

1	2								
ABCD	ABCD								

三、判断题

1	2	3	4						
√	×	√	×						

项目三

一、单选题

1	2	3	4	5	6	7	8	9	10
C	A	B	C	D	A	C	D	C	C
11	12	13	14	15	16	17	18		
D	C	C	A	B	B	D	A		

二、多选题

1	2	3	4	5	6	7			
ABCD	ABCD	ABC	ABCD	ABCD	ABCD	ABC			

三、判断题

1	2	3	4	5	6	7	8	9	10
×	√	√	√	×	√	×	√	×	×
11	12								
√	√								

项目四

一、单选题

1	2	3	4	5	6	7	8	9	10
C	C	D	C	B	C	A	D	C	A
11	12	13	14	15	16	17	18	19	20
D	D	C	D	D	D	D	D	D	C

二、多选题

1	2	3	4	5	6	7	8	9	
AB	BCD	ABCD	ABCD	ABCD	CD	ACD	BCD	ABC	

三、判断题

1	2	3	4	5	6	7	8	9	10
√	×	√	×	√	√	√	√	×	×
11	12	13	14	15	16	17	18	19	20
√	√	√	×	√	√	√	√	√	√
21	22	23	24	25	26	27	28	29	
√	×	×	√	√	√	√	×	√	

项目五

一、单选题

1	2	3	4	5	6	7	8	9	10
B	C	B	A	B	A	B	B	A	B
11	12	13	14	15	16	17	18		
A	A	A	D	C	C	A	A		

二、多选题

1	2	3	4	5	6	7	8	9	10
ABC	BCD	ABCD	ABC	ABC	AC	ABCD	ABCD	ABCD	AB
11									
ABCD									

三、判断题

1	2	3	4	5	6	7			
×	√	√	√	×	×	×			

项目六

一、单选题

1	2	3	4	5	6	7	8	9	10
C	C	C	C	D	B	D	C	A	A
11	12	13							
D	C	A							

二、多选题

1	2	3	4	5	6				
ABD	ABCD	ABCD	ABD	ABC	ABCD				

三、判断题

1	2	3	4	5	6	7	8	9	10
×	×	×	×	√	√	√	√	×	×
11	12	13	14	15					
√	√	×	×	×					

项目七

一、单选题

1	2	3	4	5	6	7	8	9	10
A	C	B	C	D	A	C	C	B	B
11	12	13	14	15	16	17	18	19	
A	C	A	D	A	C	B	A	B	

二、多选题

1	2	3	4	5	6	7			
ABC	AB	ABCD	AD	CD	BCD	AB			

三、判断题

1	2	3	4	5	6	7	8	9	10
√	×	√	√	√	×	×	×	√	√
11	12	13	14	15	16	17			
×	√	√	×	√	×	√			

项目八

一、单选题

1	2	3	4	5	6	7	8	9	10
A	B	B	D	A	D	B	D	C	D
11	12	13	14	15	16	17	18		
B	A	C	C	B	A	A	A		

二、多选题

1	2	3	4	5	6				
CD	BCD	ACD	ABCD	ABC	AD				

三、判断题

1	2	3	4	5	6	7	8	9	10
√	√	√	×	√	×	√	√	×	√
11	12	13	14	15	16				
√	×	√	√	×	√				

项目九

一、单选题

1	2	3	4	5	6	7	8	9	10
B	C	D	A	C	D	A	A	B	A
11	12	13	14	15	16	17	18	19	
D	B	A	B	C	D	C	C	A	

二、多选题

1	2	3	4	5	6	7			
AC	AD	AC	ABD	AC	BCD	ABC			

三、判断题

1	2	3	4	5	6	7	8	9	10
×	√	×	√	√	×	√	√	√	√
11	12	13	14	15					
×	×	√	√	√					

项目十

一、单选题

1	2	3	4	5	6	7	8	9	10
C	D	A	D	B	D	D	B	B	B
11	12	13	14	15	16	17			
C	C	A	D	D	A	A			

二、多选题

1	2	3	4	5					
ABCD	AB	ABCD	ABD	ABC					

三、判断题

1	2	3	4	5	6	7	8	9	10
√	√	×	√	√	×	√	√	√	√

项目十一

一、单选题

1	2	3	4	5	6	7	8	9	10
B	B	C	D	B	A	A	D	C	B
11	12	13	14	15	16	17			
C	C	A	B	C	A	D			

二、多选题

1	2								
ABCD	AB								

三、判断题

1	2	3	4	5	6	7	8	9	10
×	√	×	×	×	√	×	×	×	×
11	12								
×	√								

项目十二

一、单选题

1	2	3	4	5	6	7	8	9	10
D	D	A	A	B	B	B	D	C	C
11	12	13	14	15	16	17			
C	C	D	B	C	A	D			

二、多选题

1	2	3	4	5	6				
ABC	AB	AB	AB	ABC	ACD				

三、判断题

1	2	3	4	5	6	7	8	9	10
×	√	√	√	√	×	×	√	√	×
11									
×									